普通高等教育"十一五"国家级规划教材
高等学校环境设计专业教学丛书暨高级培训教材

室内外细部构造与施工图设计

（第二版）

清华大学美术学院环境艺术设计系

李朝阳　编著

中国建筑工业出版社

图书在版编目(CIP)数据

室内外细部构造与施工图设计/李朝阳编著. —2 版. —北京：中国建筑工业出版社，2013.5（2023.4重印）

（普通高等教育"十一五"国家级规划教材. 高等学校环境设计专业教学丛书暨高级培训教材）

ISBN 978-7-112-15472-2

Ⅰ. ①室… Ⅱ. ①李… Ⅲ. 建筑构造—细部设计—高等学校—教材 Ⅳ. ①TU22

中国版本图书馆 CIP 数据核字(2013)第 113435 号

构造设计作为展现设计概念及设计表达的专业技术语言，在室内设计和景观设计创意中起着具体的细部深化和过渡作用；而施工图设计则是体现构造设计的有效手段，它既是工程施工的技术语言，也是设计的施工依据。本书重点阐述室内外空间细部构造与施工图设计在设计中的重要作用和意义，介绍构造设计的基本原理和方法，通过学习和掌握室内、外空间的细部构造设计，为施工图设计与绘制打下良好基础。

本书还就材料与设计、设备与设计等内容作了系统阐述，这对合理解决空间整体形象及细部构造等美学问题与使用功能之间的矛盾，并使设计创意和施工图绘制更加具有可行性具有重要意义。并通过具体的常用构造图示和施工图实例，使读者能够对室内外细部构造与施工图设计有一个形象、深入的理解和认知，力图能全面、系统地解读室内外细部构造与施工图设计的基本理念和主要方法，并对设计思维的有效推进有一定的启示和帮助。

＊　　　＊　　　＊

责任编辑：张　晶
责任设计：陈　旭
责任校对：张　颖　刘　钰

普通高等教育"十一五"国家级规划教材
高等学校环境设计专业教学丛书暨高级培训教材
室内外细部构造与施工图设计
（第二版）
清华大学美术学院环境艺术设计系
李朝阳　编著

＊

中国建筑工业出版社出版、发行(北京西郊百万庄)
各地新华书店、建筑书店经销
北京天成排版公司制版
北京中科印刷有限公司印刷

＊

开本：880×1230毫米　1/16　印张：9　插页：18　字数：240　千字
2013 年 7 月第二版　　2023 年 4 月第七次印刷
定价：**38.00**元
ISBN 978-7-112-15472-2
(23413)

丛书第三版编者的话

中国建筑工业出版社 1999 年 6 月出版的"高等学校环境艺术设计专业教学丛书暨高级培训教材"发行至今已有 12 年。2005 年修订后又以"国家十一五规划教材"的面貌问世，时间又过去 5 年。2011 年，也就是国家"十二五"规划实施的第一年，这套教材的第三版付梓。

环境艺术设计专业在中国高等学校发展的 22 年，无论是行业还是教育都发生了令人炫目的狂飙式的突飞猛进。教材的编写和人才的培养似乎总是赶不上时代的步伐。今年高等学校艺术学升级为学科门类，设计学以涵盖艺术学与工学的概念进入视野，环境艺术设计专业得以按照新的建构向学科建设的纵深扩展。

设计学是一门多学科交叉的、实用的综合性边缘学科，其内涵是按照文化艺术与科学技术相结合的规律，为人类生活而创造物质产品和精神产品的一门科学。设计学涉及的范围宽广，内容丰富，是功能效用与审美意识的统一，是现代社会物质生活和精神生活必不可少的组成部分，直接与人们的衣、食、住、行、用等各方面密切相关，可以说是直接左右着人们的生活方式和生活质量。

设计专业的诞生与社会生产力的发展有着直接的关系。现代设计的社会运行，呈现一种艺术与科学、精神与物质、审美与实用相融合的社会分工形态。以建筑为主体向内外空间延伸面向城乡建设的环境设计，以产品原创为基础面向制造业的工业设计，以视觉传达为主导面向全行业的平面设计，按照时间与空间维度分类的方式建构，成为当代设计学专业的主体。

正因为此环境艺术设计成为设计学中，人文社会科学与自然科学双重属性体现最为明显的学科专业。设计学对于产业的发展具备战略指导的作用，直接影响到经济与社会的运行。在这样的背景下本套教材第三版面世，也就具有了特殊的意义。

清华大学美术学院环境艺术设计系
2011 年 6 月

丛书第二版编者的话

艺术，在人类文明的知识体系中与科学并驾齐驱。艺术，具有不可替代完全独立的学科系统。

国家与社会对精神文明和物质文明的需求，日益依重于艺术与科学的研究成果。以科学发展观为指导构建和谐社会的理念，在这里决不是空洞的概念，完全能够在艺术与科学的研究中得到正确的诠释。

艺术与科学的理论研究是以艺术理论为基础向科学领域扩展的交融；艺术与科学的理论研究成果则通过设计与创作的实践活动得以体现。

设计艺术学科是横跨于艺术与科学之间的综合性边缘性学科。艺术设计专业产生于工业文明高度发展的 20 世纪。具有独立知识产权的各类设计产品，以其艺术与科学的内涵成为艺术设计成果的象征。设计艺术学科的每个专业方向在国民经济中都对应着一个庞大的产业，如建筑室内装饰行业、服装行业、广告与包装行业等等。每个专业方向在自己的发展过程中无不形成极强的个性，并通过这种个性的创造以产品的形式实现其自身的社会价值。

正是因为这样的社会需求，近年来艺术设计教育在中国以几何级数率飞速发展，而在所有开设艺术设计专业的高等学校中，选择环境艺术设计专业方向的又占到相当高的比例。在这套教材首版的 1999 年，可能还是环境艺术设计专业教材领域为数不多的一两套之列。短短的五六年间，各种类型不同版本的专业教材相继面世。编写这套教材的中央工艺美术学院环境艺术设计系，也在国家高校管理机制改革中迅即转换中成为清华大学的下属院系。研究型大学的定位和争创世界一流大学的目标，使环境艺术设计系在教学与科研并行的轨道上，以快马加鞭的运行状态不断地调整着自身的位置，以适应形势发展的需求，这套教材就是在这样的背景下修订再版，并新增加了《装修构造与施工图设计》，以期更能适应专业新的形势的需要。

高等教育的脊梁是教师，教师赖以教学的灵魂是教材。优秀的教材只有通过教师的口传身授，才能发挥最大的效益，从而结出累累的教学成果。教师教材与教学成果的关系是不言而喻的。然而长期以来艺术高等教育由于自身的特殊性，往往采取一种单线师承制，很难有统一的教材。这种方法对于音乐、戏剧、美术等纯艺术专业来讲是可取的。但是作为科学与艺术相结合的高等艺术设计专业教育而言则很难采用。一方面需要保持艺术教育的特色，另一方面则需要借鉴理工类专业教学的经验，建立起符合艺术设计教育特点的教材体系。

环境艺术设计教育在国内的历史相对较短。由于自身的特殊性，其教学模式和教学方法与其他的高等教育相比有着很大的差异。尤其是艺术设计教育完全是工业化之后的产物，是介于艺术与科学之间边缘性极强的专业教育。这样的教育背景，同时又是专业性很强的高校教材，在统一与个性的权衡下，显然两者都是需要的。我们这样大的一个国家，市场需求如此之大，现在的教材不是太多，而是太少，尤其是适用的太少。不能用同一种模式和同一种定位来编写，这是摆在所有高等艺术设计教育工作者面前的重要课题。

当今的世界是一个以多样化为主流的世界。在全球经济一体化的大背景下，艺术设计领域反而需要更多地强调个性，统一的艺术设计教育模式无论如何也不是我们的需要。只有在多元的撞击下才能产生新的火花。作为不同地区和不同类型的学校，没有必要按照统一的模式来选定自己的教材体系。环境艺术设计教育自身的规律，不同层次专业人才培养的模式，以及不同的市场定位需求，应该成为不同类型学校制定各自教学大纲选定合适教材的基础。

环境艺术设计学科发展前景光明，从宏观角度来讲，环境的改善和提高是一个重要课题。从微观的层次来说中国城乡环境的设计现状之落后为科学的发展提供了广阔的舞台，环境艺术设计课程建设因此处于极为有利的位置。因为，环境艺术设计是人类步入后工业文明信息时代诞生的绿色设计系统，是艺术与艺术设计行业的主导设计体系，是一门具有全新概念而又刚刚起步的艺术设计新兴专业。

清华大学美术学院环境艺术设计系

2005 年 5 月

丛书第一版编者的话

自从1988年国家教育委员会决定在我国高等院校设立环境艺术设计专业以来，这个介于科学和艺术边缘的综合性新兴学科已经走过了十年的历程。

尽管在去年新颁布的国家高等院校专业目录中，环境艺术设计专业成为艺术设计学科之下的专业方向，不再名列于二级专业学科，但这并不意味环境艺术设计专业发展的停滞。

从某种意义上来讲也许是环境艺术设计概念的提出相对于我们的国情过于超前，虽然十年间发展迅猛，在全国数百所各类学校中设立，但相应的理论研究滞后，专业师资与教材奇缺，社会舆论宣传力度不够，导致决策层对环境艺术设计专业缺乏了解，造成了目前这样一种局面。

以积极的态度来对待国家高等院校专业目录的调整，是我们在新形势下所应采取的惟一策略。只要我们切实做好基础理论建设，把握机遇，勇于进取，在艺术设计专业的领域中同样能够使环境艺术设计在拓宽专业面与融汇相关学科内容的条件下得到长足的进步。

我们的这一套教材正是在这样的形势下出版的。

环境艺术设计是一门新兴的建立在现代环境科学研究基础之上的边缘性学科。环境艺术设计是时间与空间艺术的综合，设计的对象涉及自然生态环境与人文社会环境的各个领域。显然这是一个与可持续发展战略有着密切关系的专业。研究环境艺术设计的问题必将对可持续发展战略产生重大的影响。

就环境艺术设计本身而言，这里所说的环境，是包括自然环境、人工环境、社会环境在内的全部环境概念。这里所说的艺术，则是指狭义的美学意义上的艺术。这里所说的设计，当然是指建立在现代艺术设计概念基础之上的设计。

"环境艺术"是以人的主观意识为出发点，建立在自然环境美之外，为人对美的精神需求所引导，而进行的艺术环境创造。如大地艺术、人体行为艺术由观者直接参与，通过视觉、听觉、触觉、嗅觉的综合感受，造成一种身临其境的艺术空间，这种艺术创造既不同于传统的雕塑，也不同于建筑，它更多地强调空间氛围的艺术感受。它不同于我们今天所说的环境艺术，我们所研究的环境艺术是人为的艺术环境创造，可以自在于自然界美的环境之外，但是它又不可能脱离自然环境本体，它必须植根于特定的环境，成为融汇其中与之有机共生的艺术。可以这样说，环境艺术是人类生存环境的美的创造。

"环境设计"是建立在客观物质基础上，以现代环境科学研究成果为指导，创造生态系统良性循环的人类理想环境，这样的环境体现于：社会制度的文明进步，自然资源的合理配置，生存空间的科学建设。这中间包含了自然科学和社会科学涉及的所有研究领域。因此环境设计是一项巨大的系统工程，属于多元的综合性边缘学科。

环境设计以原在的自然环境为出发点，以科学与艺术的手段协调自然、人工、社会三类环境之间的关系，使其达到一种最佳的运行状态。环境设计具有相当广的涵义，它不仅包括空间环境中诸要素形态的布局营造，而且更重视人在时间状态下的行为环境的调节控制。

环境设计比之环境艺术具有更为完整的意义。环境艺术应该是从属于环境设计的子系统。

环境艺术品也可称为环境陈设艺术品，它的创作是有别于艺术品创作的。环境艺术品的概念源于环境艺术设计，几乎所有的艺术与工艺美术门类，以及它们的产品都可以列入环境艺术品的范围。但只要加上环境二字，它的创作就将受到环境的限定和制约，以达到与所处环境的和谐统一。

为了不使公众对环境设计概念的理解产生偏差，我们仍然对环境设计冠以"环境艺术设计"的全称，以满足目前社会文化层次认识水平的需要。显然这个词组包括了环境艺术与设计的全部概念。

中央工艺美术学院环境艺术设计专业是从室内设计专业发展变化而来的。从五六十年代的室内装饰、建筑装饰到七八十年代的工业美术、室内设计再到八九十年代的环境艺术设计，时间跨越四十余年，专业名称几经变化，但设计的对象始终没有离开人工环境的主体——建筑。名称的改变反映了时代的发展和认识水平的进步。以人的物质与精神需求为目的，装饰的概念从平面走向建筑空间，再从建筑空间走向人类的生存环境。

从世界范围来看，室内装饰、室内设计、环境艺术、环境设计的专业设置与发展也是不平衡的，认识也是不一致的。面临信息与智能时代的来临，我们正处在一个多元的变革时期，许多没有定论的问题还有待于时间和实践的检验。但是我们也不能因此而裹足不前，以我们今天对环境艺术设计的理解来界定自身的专业范围和发展方向，应该是符合专业高等教育工作者的责任和义务的。

按照我们今天的理解，从广义上讲，环境艺术设计如同一把大伞，涵盖了当代几乎所有的艺术与设计，是一个艺术设计的综合系统。从狭义上讲，环境艺术设计的专业内容是以建筑的内外空间环境来界定的，其中以室内、家具、陈设诸要素进行的空间组合设计，称之为内部环境艺术设计；以建筑、雕塑、绿化诸要素进行的空间组合设计，称之为外部环境艺术设计。前者冠以室内设计的专业名称，后者冠以景观设计的专业名称，成为当代环境艺术设计发展最为迅速的两翼。

广义的环境艺术设计目前尚停留在理论探讨阶段，具体的实施还有待于社会环境的进步与改善，同时也要依赖于环境科学技术新的发展成果。因此我们在这里所讲的环境艺术设计主要是指狭义的环境艺术设计。

室内设计和景观设计虽同为环境艺术设计的子系统，但从发展来看室内设计相对成熟。从20世纪60年代以来室内设计逐渐脱离建筑设计，成为一个相对独立的专业体系。基础理论建设渐成系统，社会技术实践成果日见丰厚。而景观设计的发展则相对落后，在理论上还有不少界定含混的概念，就其对"景观"一词的理解和景观设计涵盖的内容尚有争议，它与城市规划、建筑、园林专业的关系如何也有待规范。建筑体以外的公共环境设施设计是环境设计的一个重要部分，但不一定形成景观，归类于景观设计中也不完全合适，所以对景观设计而言还有很长一段路要走。因此我们这套教材的主要内容还是侧重于室内设计专业。

不管怎么说中央工艺美术学院环境艺术设计系毕竟走过了四十余年的教学历程，经过几代人的努力，依靠相对雄厚的师资力量，建立起完备的教学体系。作为国内一流高等艺术设计院校的重点专业，在环境艺术设计高等教育领域无疑承担着学术带头的重任。基于这样的考虑，尽管深知艺术类教学强调个性的特点，忌专业教材与教学方法的绝对统一，我们还是决定出版这样一套专业教材，一方面作为过去教学经验的总结，另一方面是希望通过这套书的出版，促进环境艺术设计高等教育更快更好地发展，因为我们深信21世纪必将是世界范围的环境设计的新世纪。

中央工艺美术学院环境艺术设计系
1999 年 3 月

第二版前言

我们知道，环境艺术设计并非是一个独立的专业门类，而是设计艺术的环境生态学，它具有学科的边缘性、行业的综合性、运行操作的协调性。因此，环境艺术设计从属于一个宏观的艺术设计战略指导系统，设计的对象涉及自然生态环境与人文社会环境的各个领域，自然也涵盖了室内外空间环境。本书就是在此背景下对室内部分进行了充实，同时将室外景观部分涵盖进去，以契合新的专业发展形势的需要。

我们从事室内设计和景观设计的学习和工作，相信对所学知识及相关领域都会给予关注，尤其对设计方案构思、效果图表达等方面可能更要投入颇多精力。这些无疑都应该予以加强。但室内设计和景观设计毕竟是一个综合性很强的学科，其所涵盖的知识终究不是靠设计方案或效果图能完全体现出来的，还有不少相对理性的内容也是我们需要理解和掌握的，这都是设计系统中不可或缺的基本知识。毕竟我们进行设计的终端目标不是仅仅绘制出效果图，使设计创意永远停留在图纸上或储存在电脑的硬盘里，更不希望我们的设计一直处于"概念"或"方案"阶段。

随着现代社会的高速发展，环境艺术设计的专业发展势头迅猛，人们的视野更加开阔，各种新型材料和现代技术也相应提高。随之人们对室内外环境的要求也越来越高，早已不再满足于对空间界面的简单包装，而更加强化空间的细部构造，以及温度、湿度、通风、照明等物理效能，强调绿色设计，强调可持续发展。这自然就增强了对设计的技术含量和对方案实施的技术需求，如此，也就相应地提高了对学生的专业要求。

当下"玩设计"、"玩概念"的现象在国内院校中日益蔓延，以至于不少学生搞出来的设计虽令人炫目，但不知所云。重概念，轻功能，重创意，轻技术，导致专业教学与社会实际脱节，严重偏离了设计的功能性和社会性。此种现象在各类不同层次的院校中，无论是以培养精英人才为目标的大牌名校，还是以满足就业和行业需求为方向的职业型普通院校，均存在此症结。如此下去，必然会使设计教学产生偏离，更会使学生的知识结构产生失衡，难免也会影响到学生的就业问题。

诚然，环境艺术设计作为一个系统化、综合性较强的专业门类，它涵盖了诸多相关专业学科，技术与艺术、理性与感性共同交织在一起，构成一个较为庞大的专业体系。因此，不能回避设计中一些技术性的问题，更不能将感性知识与理性知识对立起来。

室内外细部构造通常是最能展现设计概念及设计表达的专业技术语言，它在室内设计和景观设计创意中起着具体细部深化和过渡作用，使人能恰如其分地体验到空间环境的整体形象和尺度感。而施工图设计是体现概念设计、方案设计、初步设计等各个设计阶段最终表达的有效手段，它既是工程施工的技术语言，也是设计的施工依据。施工图绘制以材料构造体系和空间尺度体系作为基础，设计思想若要准确无误地得以实施，就主要依靠于施工图阶段的深化设计。

可见，考虑如何通过施工图设计和施工实施实现设计创意，使其在创作过程中更加具有可操作性，就成为我们迫切需要解决的无法回避的重要问题。因为相当多的优秀设计创意就是因为在可行性方面关注不够而无法落实，或者勉强实现也要对设计大动干戈，结果面目全非，所谓"优秀"设计也要打个折扣。因此，加强和提高我们设计的整体能力及宏观素养，也是本书努力锁定的目标所在。

2012 年 8 月

第一版前言

我们从事室内设计的学习和工作，相信对所学知识及相关领域都会给予关注，尤其对设计方案构思、效果图表达等方面可能投入的精力会更多。这些无疑都应该予以加强，但室内设计毕竟是一门综合性很强的学科，其所涵盖的知识终究不是靠效果图能完全体现出来的，还有很多相对理性些的内容也是室内设计所不可或缺的。毕竟我们进行设计的终极目标不仅仅是绘制出效果图，使设计创意永远停留在图纸上或储存在电脑的硬盘里，更不希望我们的设计一直处于"概念"阶段。

构造设计通常是最能展现设计概念及设计表达的专业技术语言，它在室内设计创意中起着具体细部深化和过渡作用，使人能恰如其分地体验到室内空间的整体形象和尺度感。

施工图设计是体现构造设计的有效手段，它既是工程施工的技术语言，也是室内设计的施工依据。施工图绘制以材料构造体系和空间尺度体系作为基础，室内设计方案若要准确无误地实施出来，就主要依靠于施工图阶段的深化设计。

可见，考虑如何通过施工图设计和施工实施实现设计想法，使其在创作过程中更加具有可操作性，就成为我们迫切解决的无法回避的重要问题。因为相当多的优秀设计就是因为在可行性方面关注不够而无法实施，或者勉强实施也要对设计大动干戈，结果面目全非，所谓"优秀"设计也要打个问号。因此，加强和提高我们设计的整体能力及宏观素养，也正是本书努力的目标所在。

2005 年 8 月

目　　录

第1章　构造基本概念

1.1　构造与设计 ……………………………………………………………… 1

　　1.1.1　构造在空间中的意义 …………………………………………… 1

　　1.1.2　构造的基本类型 ………………………………………………… 1

1.2　构造与材料 ……………………………………………………………… 3

　　1.2.1　材料的基本特性及功能 ………………………………………… 3

　　1.2.2　对材料的认识和把握 …………………………………………… 4

　　1.2.3　材料选择的误区 ………………………………………………… 4

　　1.2.4　材料选样的作用 ………………………………………………… 6

　　1.2.5　材料选样的基本原则 …………………………………………… 7

　　1.2.6　材料组合搭配的原则 …………………………………………… 7

1.3　构造与设备 ……………………………………………………………… 8

　　1.3.1　设备的系统构成 ………………………………………………… 8

　　1.3.2　设备与界面的整合 ……………………………………………… 12

第2章　室内外细部构造设计

2.1　构造设计的基本原则 …………………………………………………… 13

　　2.1.1　满足使用功能要求 ……………………………………………… 13

　　2.1.2　遵循美学法则 …………………………………………………… 13

　　2.1.3　确保安全性、耐久性 …………………………………………… 13

　　2.1.4　满足施工方便和经济要求 ……………………………………… 13

2.2　室内设计构造要素 ……………………………………………………… 13

　　2.2.1　结构要素 ………………………………………………………… 13

　　2.2.2　界面要素 ………………………………………………………… 14

　　2.2.3　门窗要素 ………………………………………………………… 14

　　2.2.4　楼梯、护栏要素 ………………………………………………… 14

　　2.2.5　固定配置 ………………………………………………………… 14

2.3　混合构造 ………………………………………………………………… 14

　　2.3.1　混合构造的特点 ………………………………………………… 14

　　2.3.2　混合构造的组合形式 …………………………………………… 15

　　2.3.3　混合构造的基本连接方式 ……………………………………… 15

　　2.3.4　混合构造的质量要求 …………………………………………… 15

2.4　景观设计构造要素 ……………………………………………………… 15

　　2.4.1　植被要素 ………………………………………………………… 15

　　2.4.2　铺装要素 ………………………………………………………… 16

　　2.4.3　水体要素 ………………………………………………………… 16

  2.4.4 设施与小品要素 ………………………………………………………… 16

 2.5 室内设计常用细部构造 ……………………………………………………… 17

  2.5.1 楼地面细部构造 ………………………………………………………… 17

  2.5.2 墙面装修细部构造 ……………………………………………………… 19

  2.5.3 顶棚装修细部构造 ……………………………………………………… 19

  2.5.4 室内设计常用细部构造 ………………………………………………… 24

 2.6 景观设计常用细部构造 ……………………………………………………… 36

  2.6.1 地面铺装细部构造 ……………………………………………………… 36

  2.6.2 路缘侧石细部构造 ……………………………………………………… 37

  2.6.3 台阶踏步细部构造 ……………………………………………………… 37

  2.6.4 坐凳树池细部构造 ……………………………………………………… 37

  2.6.5 挡土景墙细部构造 ……………………………………………………… 37

  2.6.6 围墙栏杆细部构造 ……………………………………………………… 37

  2.6.7 沿地坎坡细部构造 ……………………………………………………… 37

  2.6.8 廊架花架细部构造 ……………………………………………………… 37

  2.6.9 水景墙细部构造 ………………………………………………………… 37

第 3 章　施 工 图 设 计

 3.1 施工图的概念和作用 ………………………………………………………… 49

  3.1.1 施工图的概念 …………………………………………………………… 49

  3.1.2 施工图的作用 …………………………………………………………… 49

  3.1.3 施工图设计的要点 ……………………………………………………… 49

 3.2 施工图文件的主要内容 ……………………………………………………… 49

  3.2.1 封面 ……………………………………………………………………… 50

  3.2.2 图纸目录 ………………………………………………………………… 50

  3.2.3 设计说明 ………………………………………………………………… 50

  3.2.4 图纸 ……………………………………………………………………… 50

  3.2.5 主要材料做法表及材料样板 …………………………………………… 50

  3.2.6 施工图设计文件签署 …………………………………………………… 50

 3.3 室内设计施工图基本内容 …………………………………………………… 51

  3.3.1 平面图 …………………………………………………………………… 51

  3.3.2 顶棚平面图 ……………………………………………………………… 51

  3.3.3 立面图 …………………………………………………………………… 51

  3.3.4 剖面图及节点详图 ……………………………………………………… 52

 3.4 景观设计施工图基本内容 …………………………………………………… 52

  3.4.1 总平面图 ………………………………………………………………… 52

  3.4.2 平面图 …………………………………………………………………… 52

  3.4.3 立面图 …………………………………………………………………… 53

  3.4.4 剖面图 …………………………………………………………………… 53

  3.4.5 节点大样图 ……………………………………………………………… 53

 3.5 施工图设计的能力培养 ……………………………………………………… 53

  3.5.1 三维空间与二维图纸互为转化的能力培养 …………………………… 53

  3.5.2 图纸表达能力的提高 …………………………………………………… 54

3.5.3 信息资料的筛选掌控能力 ·· 54

3.6 室内设计施工图实例 ··· 54

3.7 景观设计施工图实例 ··· 54

第4章 施工图设计相关知识

4.1 施工图审核与技术交底 ··· 116

4.1.1 施工图审核的重要性 ·· 116

4.1.2 施工图审核的原则和要点 ·· 116

4.1.3 施工图审核的程序 ··· 116

4.1.4 技术交底 ·· 117

4.2 图纸会审与设计变更 ··· 117

4.2.1 图纸会审的基本概念 ·· 117

4.2.2 图纸会审的基本程序 ·· 118

4.2.3 设计变更的概念 ·· 118

4.2.4 洽商记录的概念 ·· 119

4.3 相关技术规范和法规 ··· 119

4.3.1 材料环保知识 ·· 119

4.3.2 材料防火要求 ·· 121

4.3.3 电气安装知识 ·· 122

4.3.4 常用材料及设备电气图例 ·· 122

4.3.5 施工图制图规范注意事项 ·· 124

4.3.6 建筑面积计算方法 ··· 124

4.4 施工图预算 ··· 126

4.4.1 工程预算的基本概念及分类 ·· 126

4.4.2 施工图预算与设计概算的区别 ··· 126

4.4.3 施工图预算与施工预算的区别 ··· 127

4.4.4 其他相关基本概念 ··· 127

4.4.5 工程费用组成 ·· 127

4.5 竣工图绘制 ··· 128

4.5.1 绘制竣工图的意义 ··· 128

4.5.2 竣工图画法的类型 ··· 129

4.5.3 竣工图绘制的依据 ··· 129

4.5.4 竣工图文件的具体要求 ·· 129

4.5.5 竣工图绘制的注意事项 ·· 130

参考文献 ··· 131

后记 ·· 132

第1章 构造基本概念

1.1 构造与设计

不可否认，我们进行室内设计和景观设计的目的就是要改善生存环境，而创造优美环境的目的也正是为了人们自身，否则任何设计都毫无意义。环境艺术设计作为一个宏观的艺术设计战略指导系统，其设计的对象涉及自然生态环境与人文社会环境的各个领域，自然也涵盖了室内外空间环境。为造就和改变环境，这种环境应该是自然环境与人造环境的高度统一与和谐。而室内外环境设计也不再是单纯的表面修饰，它成为建筑室内外环境不可缺少的有机组成部分，无论室内还是室外，都不可避免地要受到日晒、雨淋、风吹及周围有害物质的侵蚀和影响。通过合理设计，可以保护建筑及内外空间的主体，增强耐久性；可以对环境空间的温度、湿度、采光、声响等进行调节；可以抵御有害物质的侵扰；同时，可以使空间产生特定的艺术气息和风格，给人带来精神上的愉悦。

因此，构造可以理解成室内外空间界面和细部处理中的各个组成部分及其相互关系。只有了解这些相互关系和规律，才能更有效地进行图纸表达，才能更合理地进行施工实施。认识到构造与设计的关系，才可以由内而外、由表及里。把握住这个逻辑关系，对设计实施和施工图绘制等都是大有裨益的。

1.1.1 构造在空间中的意义

谈到构造，不可避免地要涉及室内及室外空间的细部处理，我们既要关注室内外空间的整体效果，又要重视空间环境中具体的细部形式和处理方法。因此，室内外空间的构造与细部，对整体环境的特色

追求和人对空间的细部体验起着十分重要的作用。

我们通常对室内、室外空间有许多不同的处理方法，对于空间主体而言，其细部构造主要体现于与建筑主体及界面相关的门、窗、梁、柱、楼梯等，以及绿植、铺装、水体、小品设施等相关要素。与这些细部相关的各种形式和风格也随之层出不穷，不论中国各个时期的传统样式，还是西方古典建筑的各种流派，都是通过具体的细部构造展现其独特魅力的。

对于空间的整体界面，主要以墙面、顶棚、地面围合的空间界面以及与环境功能密不可分的固定设施（如酒吧的吧台、银行的柜台、酒店的服务台、办公空间的接待台、卫生间的洗手台、水池、花坛等）以及小品等体现出来。这些界面或设施的构造细部，与造型的处理、材料的选择、尺度的把握、色彩的搭配、光影的控制等都有着重要关系。尤其是材料界面转折处的处理，成为构造细部之细部。因此，它的处理是否合理、"耐看"，同样成为室内设计中的重要因素。

显然，我们不但要了解常用的甚至司空见惯的构造及细部处理方法，更应该在此基础上进行细部构造的创新设计，以推动设计创新意识和施工工艺的整体发展。

1.1.2 构造的基本类型

从构造设计的角度来看，无论是室内空间还是室外环境，其构造大多通过以下两种构造形式进行体现：饰面式构造和装配式构造。

1.1.2.1 饰面式构造

饰面式构造主要指经设计处理、具有特定形式的覆盖物，对环境设计中的设施或造型的基础构件进行保护和装饰。其基本问题是处理饰面和基础构件之间的连接

构造方法。如室内空间在墙面上进行木饰面处理、背漆玻璃处理、软包处理，或在楼板下作吊顶处理，楼板上作地板铺贴等。那么，墙面基层与木饰面、背漆玻璃或软包饰面，楼板与吊顶或地板之间的连接，都是处理两个面结合的构造关系。又如室外空间中的地面铺装，对喷水池等小品进行石材贴面处理，或对装饰廊架表面施以涂层等，也属于饰面式构造。那么，石材与水池基础结构、涂料与廊架基础材料之间的连接，均是处理相互结合的构造关系。

1. 饰面的部位及特性

饰面附着于结构构件的表面，随着构件部位的变化，饰面的部位也随之变化。如吊顶处于楼板下方，墙饰面可位于其两侧。吊顶、墙饰面应有防止脱落的基本要求，同时在特定条件下也具备对声音的反射或吸收作用、保温隔热作用或隐蔽设备管线的作用。

2. 饰面式构造的基本要求

饰面式构造应解决三个问题：

(1) 牢固性——饰面式构造如果处理不当，面层材料与基层材料膨胀系数不一，粘贴材料选择有误或老化，会使面层容易出现脱落现象。因此，饰面式构造的要求首先是饰面必须附着牢固、可靠。

(2) 层次性——饰面的厚度与层次往往与坚固性、构造方法、施工技术密切相关。因此，饰面式构造要求进行逐层施工，增强、加固构造措施。

(3) 均匀性——除了附着牢固外，还应均匀又平整，尤其是隐蔽构造形式。否则，很难获得理想的设计效果。

3. 饰面式构造的分类

饰面式构造可分成三类，即罩面类、贴面类和钩挂类。

(1) 罩面类构造——是指常见的油漆、涂料或抹灰等，通过基层处理附着于构件。

(2) 贴面类构造——通常指铺贴(墙地面各种瓷砖、面砖通过水泥砂浆粘贴或铺贴)、胶粘(饰面材料以 5mm 以下薄板或卷材居多，如壁纸、饰面板等可粘贴在处理后的基层上)、钉嵌(玻璃、金属板等饰面板可直接钉固于基层，或钉胶结合，或借助压条等)。

(3) 钩挂类构造——此种情况主要指墙面安装天然石材或人造石材。一种是较为传统的湿贴法(也称灌浆法)；另一种则是目前常用的干挂法(也称空挂法)。

常见的石材幕墙体系有"针销式"和"蝴蝶片式"石材干挂系统。上下板块之间采用针销(或蝴蝶片)连接，结构简单，施工方便。但石材上下板块间相互关联，要移动或更换一块石材板块必须牵动周围的板块，这样不具备独立更换功能，并且对于石材的维护十分不利；石材受力点集中在针销(或蝴蝶片)处，受力面积较小，安全性较差。安装过程中，石材槽口需现场灌注云石胶固定，也不适用于冬季严寒地区施工。因此，受石材固定方式的影响，不适用于大规格石材板块幕墙。还有一种属于"背栓式"干挂体系，主要采用背栓(一种石材专用连接螺栓)将石材与主体结构固定，但此做法对石材钻孔设备要求高，成本相对较高，且抗震性能不理想。

通过不断改进，目前比较先进的是"组合式石材幕墙体系"。这是在传统石材幕墙设计的基础上研究开发出石材幕墙的新技术——组合式石材幕墙。该体系通过合理的结构和构造设计，使石材板块彼此独立，可随时拆卸和安装，使石材幕墙易于维护。通过合理布置连接点的数量和位置，可改变石材板面的受力模型，使石材幕墙系统更加安全可靠，同时也能适用于大规格石材板块幕墙以及减小石板的设计厚度。采用双道密封设计，不但使石材幕墙可在严寒地区冬期施工，也适合于国内大部分地区进行四季施工。该体系以一个横向分格和一个竖向分格为基本单元，一般板块大小在 $1m^2$ 左右，质量轻、安装方便，且具有独立单元式石材幕墙的优点。附框制作与现场龙骨安装可同时进行，合理安排作业计划，可大大缩短工期。

1.1.2.2　装配式构造

随着时代的发展和技术的进步，装配式构造在室内外环境设计中所占的比重越来越大，其配件成型方法一般分为三类：

（1）塑造法——用水泥、石膏、玻璃钢等制成各种造型或构件；用金属浇铸或锻造成各种金属装饰造型（如栏杆、花饰等）。

（2）拼装法——利用木材或石膏板等人造板材可加工、拼装成各种局部造型；金属材料也具有焊、钉、铆、卷的拼装性能；另外，铝合金、塑钢门窗也属于加工、拼装的构件。拼装法在室内装饰工程中极为常见。

（3）砌筑法——玻璃制品（如玻璃砖等）、陶瓷制品以及其他合成块材等，通过粘结材料可胶结成一个整体，形成一定组合的装饰造型。

1.2　构造与材料

毋庸置疑，材料对于设计及设计效果十分重要。每个设计也许存在着不同的主题，要考虑材料或者设计哪个优先，尝试不同的材料、了解材料的特性，是使材料呈现整体效果的关键之所在。同一种空间形式或装饰造型，如果赋予其不同的装饰材料，必然会带来迥然不同的视觉效果和空间感受；同样，即使使用同一种材料，如果改变其组合的比例尺度和色彩搭配，也会形成各自不同的视觉表情。北京2008年奥运会的游泳跳水场馆"水立方"，想必大家对其建筑形象仍然记忆犹新。试想，如果将该建筑的外部装饰材料改换成花岗石或玻璃幕墙，则定会产生一种司空见惯、似曾相识的视觉效果，仿佛又掉入遍布各地的"会展中心"模式。当然，也不见得使用一些所谓新型或时尚的材料就代表是最先进的，如果不了解这些材料的特性，不了解材料之间的组合搭配，设计显然会受到相当大的制约，其效果必然也会大打折扣（彩图1）。

1.2.1　材料的基本特性及功能

材料是室内外构造设计和施工图设计的基础。也许我们并不一定完全熟悉和了解各种材料和材料的化学成分及生产工艺，而重要的是要懂得运用这些材料来实现我们的设计意图，这才是关注材料的主要目的。

目前，常用材料的种类无非是木材、石材、金属、陶瓷、玻璃、塑料等，但也可以通过不同层面进行分类：

按使用部位分类：

饰面材料——板材、块材、卷材、涂料等；

骨架材料——基层、龙骨、垫层等；

辅助材料——胶粘剂、防水剂、防火剂、保温、吸声材料等。

按材料形态分类：

主要有板材、块材、卷材、线材、涂料等。

近年来，科技不断进步，技术不断更新，潮流不断变化，新材料也不断推出。作为设计师，必须不断了解材料的基本特性、使用范围、施工工艺、经济性以及相互之间的组合搭配，否则很难达到预想的设计效果。如材料的物理特性，通常可以理解为诸如材料的光泽度、吸水率、膨胀系数、耐火等级、耐酸碱性等，是否为环保材料。了解了材料的这些特性，可以对比不同材料、同类材料之间的优劣，使材料的魅力在设计中能得到充分发挥和合理的体现。材料的功能通常有以下三个方面。

1. 装饰功能

室内外空间都是通过材料的质感、线条、色彩来实现的。质感是指材料质地的感觉，重要的是要了解材料在使用后人们对它的主观感受。一般材料要经过适当的选择和加工才能满足人们的视觉美感要求。花岗石只有经过加工处理，才能呈现出不同的质感，既可光洁细腻，又能粗犷坚硬。

色彩可以影响到室内空间的整体效果甚至建筑物的外观和城市面貌，同时对人们的心理也会产生很大的影响。材料的本身颜色有其独特的自然之美，所以在设计中应充分运用材料的这一天然美的条件和优势。例如，大理石纹理的自然、华丽之美，花岗石的凝重、端庄之美，清水混凝土的朴实、素雅之美，壁纸的细腻、柔和之美，以及木材质朴的色彩美和自然美。

2. 保护功能

材料在长期使用过程中经常会受到日晒、雨淋、风吹、冰冻等作用，也经常会受到腐蚀性气体和微生物的侵蚀，使其出现粉化、裂缝甚至脱落等现象，影响到建筑物的耐久性。选用适当的材料对建筑物表面及内部空间进行处理，不仅能对建筑内外空间起到良好的装饰功能，且能有效地提高建筑的耐久性，降低维修费用。如在建筑物的内外墙面、地面粘贴面砖或喷刷涂料，能够保护墙面、地面免受或减轻各类侵蚀，延长其使用寿命。

3. 环境调节功能

材料除了具有装饰功能和保护功能外，还有改善空间环境尤其是室内空间使用条件的功能。如内墙和顶棚使用的石膏装饰板，能起到调节室内空气的相对温度，起到改善使用环境的作用；木地板、地毯等能起到保温、隔声、隔热的作用，使人感到温暖舒适，自然宜人，改善了室内的生活环境。

因此，面对众多材料，我们应系统地认识材料的基本特性，并循序渐进，逐步深入。

作为学习阶段的我们，对于材料的理解可能只是停留在感性认识上，平时对材料也可能只关注其视觉形象、表面效果，而对于材料的深层次的特性，尤其是材料之间的组合搭配以及材料之间的构造关系，也许更容易忽视或者只是一知半解。显然，掌握材料方面的基本概念和相关知识，对于我们学习室内外环境设计及施工图设计会有很大益处。如何掌握？别无他法，只有多接触材料、多了解材料、多体味材料，才能逐步增加对材料的认识。随着新型材料的不断涌现，我们应时刻关注

材料市场和国外先进技术的变化，掌握不同材料的应用规律。因此，对材料的市场和现场调研，对于学习阶段的我们也不失为一个较为有效的方法。

1.2.2　对材料的认识和把握

材料在室内设计及景观设计过程中起着十分重要的作用。我们知道，不同的材料会有不同的特性、质感、光泽、肌理，也会产生不同的视觉语言，而这些语言又通常与材料的构造方式相互关联。各种材料的色彩、质感、触感、光泽、耐久性等性能的正确运用，将会在很大程度上影响到整体环境。

我们平时常见的乳胶漆墙面，其构造细部感觉色彩纯净、形式简洁，需要挺括的基底构造；木材的质感纹理自然、亲切宜人，就需要突出其易加工的构造特征；石材、玻璃、镜面、陶瓷等光挺洁净，对空间效果影响大，就需要处理好材料与界面的比例尺度问题，对接缝和与基层的连接方法就显得尤为重要；金属材料相对冷峻光挺，形成的构件造型和构造的工艺美感就容易突出其细部特征；织物面料柔软细腻、图案丰富、附着性强，需要处理好材料自身的选择和与之相邻材质的过渡交接问题(彩图 2～彩图 9)。

在目前材料品种繁多的情况下，无论是天然材料，还是人造材料；也无论是饰面材料，还是骨架材料，设计人员都应对材料有一个较为全面、系统的认识和掌握，只有如此，才有可能更好地进行材料的选择和运用。

1.2.3　材料选择的误区

1. 价格决定一切，洋货优于国产

应该说，材料的价格与材料的档次存在一定关系，但未必价格高的材料其装饰效果就好；同样，进口材料也未必都一定比国产材料好。北京国家大剧院所采用的石材均来自于国产，效果同样令人震撼，关键还是要看材料的运用与特定空间环境的结合问题，如果对材料的选择和组合搭配没有很好地选择和组织，即使使用再昂贵的进口材料，其所形成的空间效果也是

混乱无序的。

以目前常用的石材为例，有些消费者或设计师在选择石材中，盲目认为价格高的就是好石材，装饰效果就不会差；或认为进口石材就比国产石材好，像巴西蓝、挪威红、印度红、西班牙米黄等石材品种的确品质超群，而国产石材的大花绿、中国红、丰镇黑等品种也都具备较强的装饰性，甚至有一些品种更优于进口的。而且，如果我们将国内外石材的品种和价格比较一下，就会看出，进口石材的价格几乎是国产同类品种价格的3～5倍。因此，从物美价廉的角度来看，不妨在设计中适当选用一些国产石材，其整体空间效果未必不好。此外，还要根据在房间中使用的部位来选择适合的石材品种，不一定是越贵越好。比如，装饰墙面可用花纹效果突出的大理石；装修地面则可采用耐磨性好、强度高的花岗石。

当然，国产石材同进口石材相比，显著的缺点是加工精度仍不够，如厚薄度、平整度、光泽度等。这都是需要改进之处。

2. 盲目追求时尚，漠视整体效果

当下，随着我国经济的有序发展，城市化进程日益加快，特别是北京奥运会和上海世博会带来了巨大契机。尽管经济发展增速减缓，但装饰装修行业仍势头不减。伴随着良好的发展机遇，设计方面却有些把握不住心态，出现了漠视整体效果、炒作设计理念、盲目追求时尚的不健康现象，以高档为目标，以奢华为宗旨，似乎这就算与国际接轨了，也让国外发达国家刮目相看了。尤以材料选择为甚，简单、机械地以为高档次的装修必应使用高档次的材料，流行什么材料就使用什么材料。不分场合、不加分析地将所谓"时尚"的玻璃、铝板、不锈钢、黑胡桃木等材料充斥于空间环境中，使之充当"时尚"空间的"代言人"和"排头兵"。其实，已经不知不觉陷入了材料选择的误区。

南非著名的太阳城给笔者留下了较为深刻的印象。太阳城里有个颇负盛名的皇宫酒店（The Palace Hotel），着实富丽堂皇、美不胜收，颇有视觉冲击力。该酒店的设计风格和细部设计曾一度成为国内某些高档酒店设计争相效仿的样板，甚至国内酒店在材料使用方面颇有力压皇宫酒店之势。身临其境，方发现该酒店所选用的材料并非以前想象的那样高档、奢华，除少量装饰采用一些所谓"真材实料"诸如斑马皮、石材等之外，大多数也都是利用极为常见的普通材料和人造材料。装饰元素虽以象牙造型或斑马等动植物纹样展现其特色，施工工艺也非想象的那样精雕细刻，公共走廊甚至客房等墙面均采用了粗犷的砂浆抹灰涂料饰面；但酒店的整体空间风格和细部造型较好地体现了地域文化及古典气息，其主题与太阳城的"失乐园"（The Lost City at Sun City, South Africa）等相关配套设施的风格相得益彰，具有一定的地域特征与表现主义色彩。其豪华氛围恰如其分地通过造型的准确定位、色彩的合理搭配，尤其采光照明的烘托渲染，营造出别具特色的空间效果。可见，此建筑整体风格和室内外空间都是由其主题要求而决定的，虽然并不具有普及和推广的价值，但对业态的深层次探索仍颇具借鉴价值。（彩图10～彩图16）。

由此可以发现，以前我们对"高档"、"豪华"概念的理解可能有些问题。离开了特定的形式、空间布局、使用功能以及所处的人文环境，任何对时尚的追逐都缺乏理论上的注解，对材料的选择也缺乏准确的定位。

3. 重视饰面材料，忽视骨架材料

在对材料的选择中，我们不仅应该重视对饰面材料的选择，更应关注骨架材料的选择对设计和施工内在质量的影响。如果仅仅关注装修的视觉效果，而对其隐蔽工程所使用的材料敷衍了事、淡漠处之，所造成的不良后果可能要远远超出我们的想象。

还是以我们常用的作为基层材料使用的大芯板（或称细木工板）为例，对其选择，就既要重视甲醛含量是否超标的问题，也不可疏忽材料其他方面的技术问题。大芯板的中间夹层为实木木方，制作时有手工拼装和机器拼装两种方式，最好选择机拼板，这样其板缝更均匀并且木方间距越小越好，起码不能超过 3mm；中间夹层实木木方最好为杨木或松木，若选用硬杂木会有不吃钉的情况，这时板材的受力就有可能带来一定的安全隐患。

4. 天然材料必优于人造材料

我们在设计时常喜欢使用天然材料，认为其天然的特性和自然的纹理能较好地展现视觉效果，又能体现一定档次的要求。此观点虽有一些道理，但不可将其绝对化、概念化。在当下追求"低碳"概念的新形势下，我们应尽量减少能源和资源的浪费，降低二氧化碳的排放。大量使用天然材料，无疑会增加诸多生产、加工、运输等环节，不利于保护生态资源。况且，许多人造材料无论在物理性能方面还是在装饰效果方面，都具有天然材料所不具备的特点和优势。以石材为例，其实某些天然石材未必就比人造石材好，人造石材的色差小、机械强度高、可组合图案、制作成型后无缝隙等特性都是天然石材不可相比的。除此之外，人造石材种类繁多，可供选择的余地很大，可谓既节省了大量的自然资源，又具有一定的环保意义。

环保方面，国家质检总局曾公布过对天然花岗石、大理石板材质量抽查的结果。从检测结果来看，有一部分天然石材特别是进口石材的放射性严重超标，对人和环境会造成长期甚至是永久的不利影响，像印度红、南非红、细啡珠、皇室啡等石材均难逃干系。因此，对天然材料的选择和使用，也应客观地分析、判断。

1.2.4 材料选样的作用

材料的选样在室内和景观工程项目中呈现的是空间界面材料的客观真实效果，对室内设计和景观设计的最终实施起着先期预定的作用。它既作用于设计者、委托方(或甲方)，又作用于工程施工方。作为设计者，应合理地选用材料，并通过合理的构造体系恰当地展现材料在室内外空间环境的独特魅力。

材料选样的作用具体可概括为以下几个方面。

(1) 辅助设计

材料选样作为设计的内容之一，并非在设计完成后才开始考虑，而是在设计过程中，根据设计要求，全面了解材料市场，对材料的特性、色彩及各项技术参数进行分析，以备设计时有的放矢。

(2) 辅助概预算

材料的选样与主要材料表、工程概预算所列出的材料项目有明确的对应关系。相对于设计图，材料选样更直观、形象，有助于编制恰当的概预算表及复核。

(3) 辅助工程甲方理解设计

材料选样的真实客观，使甲方更容易理解设计的意图，易感受到预定的真实效果，了解工程的总体材料使用情况，以便对工程造价作出较准确的判断。

(4) 作为工程验收的依据之一

(5) 作为施工方提供采购及处理饰面效果的示范依据

材料选样必然要受到材料品种、材料产地、材料价格、材料质量及材料厂商等因素的制约，同时，也受到流行时尚的困扰。在一个相对稳定的时间段内，某一类或某一种材料使用得比较多，这就可能成为材料流行之时尚。这种流行实际上是人们的审美定势在设计方面的一种体现。一般来讲，材料的使用总是与不同的功能要求和一定的审美概念相关，但是，随着各种新型材料的不断涌现，以及社会的攀比和从众心理，在材料的选样和使用上居然也会泛起阵阵流行的浪潮。就设计者来讲，材料是进行设计最基本的要素，材料应该依据设计概念的界定进行选样，而并非一定要使用所谓时尚的或者是昂贵的材料。

充分展示材料的特质，注重材料与空间的整体关系以及强调材料的绿色环保概念是我们在材料选样方面应坚持的不变原则。因此，应要求材料厂家提供有关材料的技术检测报告，这一环节不可忽视。尤其是那些甲醛、苯、氨等有害物质严重超标的材料，可以说目前还屡禁不止，确实有必要加大严防力度，不可掉以轻心，哪怕对那些"疑似"有害材料，也绝不能轻易放过之。

1.2.5　材料选样的基本原则

材料的特性、色彩、图案、质地是材料选样的重点，在实际的项目工程中选择材料要切实把握住以下五点：

（1）色差：常见的材料样板，总是可能面积过小并且有时常用白色或其他硬板衬托，这时候就不容易发现材料尤其是天然材料的色差和纹样的宏观视觉效果。这与实际空间中的色彩运用存在较大差异。

（2）质感：材料的质感牵涉到功能使用和视觉整体。

（3）光泽：材料的不同光泽影响着空间的视觉效果。

（4）耐久性：材料的耐久性是关系到材料质量的重要因素之一。老化、腐蚀、虫蛀、裂缝等现象，都影响到其耐久性。

（5）安全性：材料的强度、易燃、有毒等安全问题不可忽视，对材料的绿色环保要求更是当今体现其安全性的重要内容，绝对应引起高度重视。所用材料应符合国家有关建筑装饰装修材料有害物质限量标准的规定，所用材料的燃烧性能应符合现行国家标准《建筑内部装修设计防火规范》（GB 50222）和《高层民用建筑设计防火规范》（GB 50045）的规定。

1.2.6　材料组合搭配的原则

材料是装修构造和设计的基础，离开了材料谈设计和施工，就等于是纸上谈兵、缘木求鱼。随着科学技术的不断发展，新型材料也不断涌现，应该说，我们对装修材料还是有了一定了解，对材料的种类、特性及作用等也基本掌握。作为室内设计师或景观设计师，应掌握现代不同材料的应用规律，从技术和艺术的层面推动构造设计的发展，使其跃上一个新的台阶。

了解材料本身并不困难，难的是设计中材料之间的相互组合搭配。这是一个需要循序渐进、逐步提高的过程，需要设计师的综合素养和较强的领悟力及对社会的洞察力，很难一蹴而就。

材料自身不同的特性、形态、质地、色彩、肌理、光泽等会对室内外空间和空间界面产生不同的影响，因而也会形成相对不同的视觉效果和环境风格。

材料的合理选用与组合搭配应该遵循以下原则：

（1）应发挥材料自身的独特魅力；

（2）注意材料的特性与空间设计风格的结合；

（3）材料的比例、尺度应与空间整体协调、统一；

（4）应展现材料之间的肌理、纹样、光泽等特色及相互关系；

（5）关注材料之间的衔接、过渡等细部处理；

（6）应符合材料组合的构造规律和施工工艺。

对于材料的组合搭配，除了应遵循基本的规律和原则外，应摒弃一些设计中看似约定俗成的概念性的认识，好像材料的使用范围和材料之间的搭配关系成为了一种习惯性的套路，这对于设计思路的拓展会形成很大的桎梏，更不利于设计创新意识的提高。比如对于外墙涂料的使用，其防水性、耐久性必然要优于室内空间使用的乳胶漆，因此我们也可在室内某些空间（如卫生间等）采用外墙乳胶漆，以营造一种似乎不太符合"套路"的空间效果。在不影响基本功能要求的前提下，并没有人规定卫生间设计必须使用瓷砖。

可见，材料的组合搭配尽管存在一定的"规律"和"章法"，但并非没有突破和创新的可能性，关键还是思维方式的问题。有时在"江郎才尽"的情况下采取逆向思维的方式，也许会带来意想不到的效果。想必大家还依稀记得 2004 年雅典奥运会开幕式中的火炬点燃，火炬的点燃方式业已成为每届奥运会开幕式的一大悬念和看点。火炬点燃无非都是"动"与"静"的关系处理，以往主火炬台大都以"静"的形式出现，随后便奇思妙想层出不穷，但都是以各种带有人文色彩和民族特色的"动"迎向主火炬台进行点燃，或射箭、或火轮、或其他高科技手段，似乎已很难想出更多、更为新奇的点火招数了，陷入了一种程式化的窠臼。而雅典奥运会开幕式的火炬点燃方式却是逆向而动，让巨大的主火炬主动放下身架，以"动"的姿态去迎向点火运动员手持的圣火。这个思路显然打破了以前火炬点燃的常规的、逐渐枯竭的思维模式，令人耳目一新、别具特色。虽说也许有你认为的各种"缺陷"，但总体上其创意还是很值得我们启迪和借鉴的。

以前我们曾听到过这样一个说法，胖些的人最好穿竖条纹的或者深颜色的衣服，这样能使人在视觉上显得"苗条"些；瘦一些的人最好穿横条纹的或者浅颜色的衣服，这样会使人就不显得那么"干巴"了。上述说法似乎从理论上可以解读，但是作为环境艺术设计专业，绝不能只强调个体，脱离环境而孤立地看待某个事物。试想，如果胖人穿着竖条纹衣服处在一个水平线条的背景之中，强烈的视觉反差会使那位同志的身段更加昭然若揭；而如果这个人是身临竖线条的背景当中，其衣服的竖条纹已与背景融为一体，反而弱化了此人形体上的"胖感"。可见，材料之间的组合搭配也是如此，不可机械地理解材料的组合搭配问题，必须明确所选择的、所表现的材料相互关系都是围绕环境空间的整体来展开的。

需要再次强调的是，材料的使用不是越高档、越华贵，空间效果就越理想；也不是材料使用的品种花样越多就认为越丰富。相反，那些平时看似司空见惯的普通材料，只要注重发掘其潜力，进行合理的组织搭配，同样会散发出奇异的光彩。材料的组合搭配绝非是全新材料或元素的新发现，还是需要常规元素的组合。正所谓太阳底下没有新鲜的事物，只有新鲜的组合(彩图 17～彩图 30)。

1.3　构造与设备

我们知道，一个完整的室内设计或景观设计不仅仅只是解决空间形象问题，还要重点关注实用功能问题。尤其是室内空间，如果空间的物理性能(保温、隔热、通风、照明等)得不到改善，人的最基本的生理需求得不到满足，其他均属形同虚设、无病呻吟。试想，谁会愿意待在这种房间里"享受"空间的艺术氛围？

在这里我们必须首先明确，对于室内或景观设计，各种设备均从属于环境系统，环境系统实际上是建筑构造中满足人的各种生理需求的物理人工设备与构件。环境系统是现代建筑不可或缺的有机组成部分，它涉及水、电、风、光、声等多种技术领域。这种由设备构成的人工环境系统是满足室内外各种使用功能的基本前提。

1.3.1　设备的系统构成

采光与照明系统、电气系统、给水排水系统、采暖与通风系统、音响系统、消防系统等均属于室内的人工环境系统，这些系统也均由相关不同功能的设备共同组成。它们不但对空间视觉形象产生影响，同时也受到原建筑空间结构构造的制约。

1.3.1.1　采光与照明系统

我们在进行设计时常常会感受到，光线的强弱明暗、光影的虚实变化和光色对室内外环境气氛的创造起着相当重要的作用。自然光和人工光存在着不同的物理特性和视觉形象，不同的采光方式会导致不同的采光效果和光照质量。

在采光与照明系统中，自然采光受开窗形式和位置的制约，人工照明则受电气系统及灯具配光形式的影响。

1.3.1.2　电气系统

现代化的智能建筑对电气不断提出新的要求，而电气技术的发展又不断完善现代化的建筑功能。电气系统在现代建筑的人工环境系统中处于核心地位，其他各类系统的设备运行，照明、供水、空调、通信、广播、电视、保安监控等都要依赖电能的提供（彩图31）。

在电气系统中，从电能的输入、分配、输送和使用消耗来看，有变配电系统、动力系统、照明系统、智能工程系统的划分；根据建筑用电设备和系统所传输的电压高低或电流大小有强电系统和弱电系统的说法。强电子系统作用于室内外设备和照明；弱电子系统则又由若干小系统组成：如网络（有线和无线）与布线系统、多媒体及视频系统、保安监控系统（闭路电视监控及入侵报警，有模拟和数字）、共用天线电视和卫星电视接收系统、广播（含消防广播）音响系统、信息查询与大屏幕显示系统、电话系统、门禁（一卡通）系统、打铃（强或弱）系统、客房控制管理系统、楼宇自控系统（BAS）、机房建设与控制室系统等。这些在现代建筑中越来越成为不可或缺的极为重要的因素。否则，建筑室内外空间形象只是一具躯壳而已。

如楼宇自控系统，就是将建筑物内的供电、照明、空调、采暖通风、消防报警、保安监控、音响广播等设备以集中监视、集中控制和管理为目的而构成的一个综合系统。其宗旨是使建筑物成为安全、舒适和高效的工作环境，保证管理的高智能化和系统运行的最佳状态。由于消防报警和保安监控独立设置的情况较为普遍，因此目前楼宇自控系统对机电设备的监控大体包括通风空调系统、给水排水系统、供配电系统、照明与动力系统、电梯系统等几方面。

再比如共用天线电视系统，也称作CATV系统，实际就是习惯上称之为的有线电视系统。是指共用一组天线接收电视信号，通过同轴电缆或光缆的传输，分配给众多电视用户。它以有线闭路的形式传送电视信号，不向外界辐射电磁波，以区别于电视台的无线电视广播。这同样也属于弱电系统的范畴。

1.3.1.3　给水排水系统

给水排水系统分为给水系统、热水系统、消防给水系统、排水系统等。消防给水系统主要指供多层及高层民用建筑消防给水的消火栓及自动喷水灭火系统。

从室内设计的角度来看，给水排水系统中的上下水管与楼层房间具有对应关系，室内设计中涉及用水房间应考虑相互位置的关系。尤其在室内设计牵涉到此系统时，直接介入前期建筑给水排水系统设计的可能性很小，一般也就是在进行室内设计时，有可能结合室内的功能要求对该系统进行局部微调，使系统更加符合使用要求和空间整体效果的需要。

在景观设计中，由于水景观中喷泉、瀑布等作为其重要构成要素，对水系统的有效处理可能是经常遇到的问题之一。

1.3.1.4　采暖、通风与空调系统

该系统的设备与管道是所有人工环境系统中体量最大的，它们占据的建筑空间和风口位置会对室内视觉形象的艺术表现形式产生很大影响。我们在进行室内设计时应结合通风管道、风口等设备的布置合理地设计或调整吊顶的造型和标高。

1. 采暖系统

采暖，实际上就是将热源通过热媒输送到需要供热的空间，将热能释放出来，补充由于室外气候及其他因素造成的热损失，以保证一定的室内温度。

常见的采暖有热水采暖、热风采暖、电热膜采暖等。

我们常规使用的散热器，属于热水采暖系统的主要设备之一。目前，出现了许多号称先进、时尚的新型散热设备，从材质上区分，有钢制、铝制、铜铝复合、全铜、铸铁等，材质不同，工艺不同，质量也千差万别。从散热性能来讲，铜、铝的最好，其次为钢质，再其次是铸铁。散热器规格较多、形态各异，有钢串片、扁管式、板式、管板式、光管式、细柱式等，目前建材市场上钢制细柱式散热器似乎占据了半壁江山。钢制散热器造型多种多样，精巧、轻盈，耐压强度高，但如未加防腐处理，则可能会氧化腐蚀，因此对水质的要求较高；铝制散热器虽不怕酸腐蚀（氧化

腐蚀），但却怕碱性水腐蚀和氯离子腐蚀；传统铸铁散热器结构简单，抗氧化腐蚀的性能好，热稳定性也不错，既实用又皮实。因此，在设计或改造时也不应对原本存在的传统铸铁散热片视而不见，其具有的质朴和粗犷或许能体现出另外一种味道、美感和情结。可见散热器这个物件也不见得是非用不可的（彩图32、彩图33）。

地板采暖是将塑料管材埋入地面，通过低温热水加热地板，使地板向室内空间进行热辐射。这种方式能增加人的舒适感，并且不占用室内空间，但需垫高地面约 $60\sim80mm$，空间层高会受到一定影响；而且对地面材料的使用和做法会带来一定的局限性，日后维修可能也是个麻烦事。

热风采暖应属于空调系统的范畴。

电热膜采暖则是将块状电热膜敷设于顶棚，无需管网，但对空间的顶棚造型处理可能也会带来一定影响。

2. 通风系统

分为新风、空调机组送（新）风、排风、火灾状态下正压送风、排烟及人防通风系统。

新风系统是通过新风机组从室外采集新风，经过新风风管和风口将新风送到各个部位，使室内的新鲜空气得到保证。

空调送风系统的机组自身带有冷热水的接口，并从室外采集新风，经过机组内的预冷和预热，可夏天送冷风，冬天送热风。有的机组还受到楼宇自控系统的控制和调整，也有的机组还设置加湿器来调节空气的湿度。

正压送风系统指在火灾状态下，向人员疏散较为集中的楼梯口、电梯间通过送风口输送新风，补充新鲜空气，它属于消防报警联动系统范畴。

排烟系统则由排风机、280℃排烟防火阀和排烟风口组成，主要是将火灾产生的烟雾排出室外，减轻人员伤亡，该系统也属于消防报警联动系统的重要部分。

3. 空调系统

由于空调与室内装修的关系相当密切，甚至会严重影响到空间形象和室内设计的效果，因此这里有必要对空调技术知识进行重点关注。

1）装修与空气质量

现在人们越来越重视室内的空气质量。实际上，改善空气质量的最有效的办法就是禁用散发污染物的装修材料，减少家具及设备的污染物扩散。另外，通风空调设备与系统功能的改进和提高也同样十分必要，想必大家还记得 21 世纪初肆虐的"非典"和前几年的"甲流"，给我们在专业方面和生活方式带来的困扰太令人难忘了。

空气经过处理通过送风口进入房间，与室内空气进行交换后，由回风口排出。这样，空气的进入和排出，必然引起室内空气的流动，而不同的空气流动状况会有不同的空调效果。合理地组织室内空气的流动，使室内空气的温度、湿度、流速等能更好地符合人的舒适感受和工艺要求，这即是气流组织的职责。

影响气流组织的主要因素是送风口、回风口的位置、形式及送风射流量。

2）气流组织及风口形式

目前，常用气流组织的送风方式可分为：侧送风、散流器送风、条缝送风和喷射式送风。

（1）侧送风

指风口安装在室内送风管上或墙面上，向房间横向送出气流。侧送风是空调房间最常用的气流组织方式，工作区通常以回风形成气流。一般层高且面积不大的空调房间，常采用单侧送风（如宾馆、酒店的客房）。空间较大时，单侧送风射程或区域温差可能满足不了要求，宜采用双侧送风。

一般来说，侧送风口尽量布置在房间较窄的一边。

（2）散流器送风

散流器是一种安装在房间上部的送风口，一般用于层高较低并且有吊顶的空调房间。其特点是气流从风口向四周辐射状射出，保证空间稳定而均匀的温度和风速。

散流器平送的形式有圆形、方形或长方形等。散流器中心线与侧墙的距离一般不小于1m。

（3）条缝送风

条缝型送风口的宽长比大于1∶20，由单条缝、双条缝或多条缝组成，其特点是气流衰减较快。可把条缝送风口设置在侧墙上；也有将条缝送风口安装在顶棚内与之持平，甚至有与采光带结合布置的，使顶部造型更显简洁。

（4）喷射式送风

喷射式送风也称喷口送风，一般是将送、回风口布置在同侧。风速高，风量大，风口少，射程长，并形成一定回流，带动室内空气进行强烈的混合流动，保证了新鲜空气、温度、速度的相对均匀。

喷射式送风原主要用在空间比较高大（一般在6～7m以上）的建筑中，如体育馆、报告厅、影剧院等，但由于气流较大影响一些小球类正常比赛，像奥运场馆已不再采用。

3）回风口的布置

回风口不应设在射流区内。对于侧送风方式，回风口一般设在同侧送风口下方。

4）空调系统的分类

空调系统一般由空气处理设备、空气输送管道及空气分配装置（或称空调末端设备）所组成。

（1）全空气系统

指空调房间需要全部由经过处理的空气来负担的空气系统。它要求具备较大断面的风道或较高的风速，因此在设计时应考虑风管要占据较大空间这个重要因素。

（2）空气—水系统

因全空气系统要占有较多的建筑空间，故可同时使用空气和水来承担空调的室内负荷。如常用的风机盘管加新风系统。

（3）变冷媒空调系统

指压缩机和冷凝器为室外机组，蒸发器为室内机组。实际上即是指一般家庭最

为常用的壁挂式空调、窗式空调或柜式空调。

1.3.1.5 音响系统

音响系统包括建筑声学和电声传输两方面内容，建筑构造限定的室内空间形态与声音的传播具有密切关系；界面的装修构造和装修材料的种类会直接影响空间的吸声隔声效果。

有关音响方面的设备安装位置应考虑与空间整体造型统一规划、合理安排，与相关技术人员密切配合。

1.3.1.6 消防系统

消防系统对室内设计来说有自动报警系统、管道自动喷水灭火系统及气体灭火系统部分及消火栓、消防箱、防火门、防火卷帘门等。

（1）自动报警系统的形式分为三大类：区域报警系统、集中报警系统和控制中心报警系统。探测器（俗称探头）一般包括感烟探测器（也称烟感器，含离子感烟探测器和光电感烟探测器）、感温探测器（也称温感器，含差温探测器、定温探测器、差定温探测器）、火焰探测器（红外线火焰探测器、紫外线火焰探测器）、可燃气体探测器等。

（2）自动喷水灭火系统一般有湿式喷水灭火系统、干式喷水灭火系统、预作用喷水灭火系统、雨淋喷水灭火系统、水幕系统等。

（3）气体灭火系统是消防报警系统的一个重要组成部分，主要使用于建筑的重点核心部位，如保安监控中心、电话机房、电脑机房、书库、档案室等，均应配置自动气体灭火系统。通过喷射灭火气体，达到扑灭火焰保护控制区域内物品不受损失的目的。

消防设备的安装位置有着严格的界定，在室内装修的空间造型中注意避让消防设备是一个重要问题，比如防火卷帘下面在设计时就不可摆放家具、陈设等，以免影响防火效果。探测器、喷水系统具体用何种、用多少、用何位置、不是咱们能决定的，需要配合好相关专业人员，既尊

重科学，又能使探测器和喷头不影响美观，形成一个有机整体。这即是我们要解决的实际问题。

1.3.2 设备与界面的整合

室内外环境设计不能不关注空间整体形象，如何解决好一系列设备的组织安排，使之与空间界面相互整合，成为我们设计特别是室内设计中面临的具体问题。

设备难免都要与空间界面发生关系，不同设备也都有自身特定的运行方式，诸多设备所处的位置、占用的空间、外在的形象均会对界面构图和空间美学产生很大的影响。

地面、墙面、顶棚三种界面中，当数顶棚与设备的关系最为密切。照明灯具、空调风口、音响扬声器、消防等各类设备管道都要通过结构楼板与吊顶之间的空间，或隐藏、或暴露、或半隐半露。处理好顶界面的设备管口布局，关键在于与各工种（指该工种技术人员）之间的相互配合。可见，与其说是解决技术问题，实际上倒不如说是协调人的关系问题。也就是说，设计人员应充分预想到由于设备的设置可能出现的不利影响，明确各种设备基本的布局方式。否则，等设计完成后临近施工实施时，等待我们的将是吊顶标高的大幅度降低，吊顶造型的大幅度调整，还能是我们原来设计时追求的效果吗？

在风、水、电、消防等设备中，与风有关的设备由于体积较大、管线众多而对界面的影响最大。自然通风考虑的是通风窗口的尺寸与造型；人工通风考虑的则是进出风口的位置与口径。窗的通风问题在建筑设计时就已考虑，我们一般以尊重现实为原则；而人工通风具有强制空气流动的特征，进出风口的位置在特定空间中有一定的位置局限，处理起来存在一定难度。这就需要设计者与通风专业的技术人员进行相互协调，相互理解，共同解决好风口与顶界面的整合问题。

这里需要强调的是，我们毕竟不是设备方面的专业技术人员，不可能了解得很全面、很透彻。只希望在进行设计时，不要忽略设备方面的相关问题，与该专业的技术人员相互协调，使设计构思和空间形象更加趋向于合理性、可行性（彩图34～彩图37）。

第2章 室内外细部构造设计

2.1 构造设计的基本原则

构造设计是室内设计及景观设计总体效果的细部深化，必须对多种因素加以考虑和分析比较，才能从中优选出一种对于特定的设计项目而言相对最佳的方案，以求达到体现设计效果、保证施工质量、提高施工进度、节约装修材料和降低工程造价的目的。

对于构造设计，一般分为以下四大基本原则。

2.1.1 满足使用功能要求

（1）改善空间环境。通过构造设计，不仅可以提高防火、防腐、防水等性能，还能改善空间的保温、隔热、隔声、声响、采光等物理性能，为人们营造良好的生活环境。

（2）空间的充分利用。在不影响主体结构的前提下，可运用各种处理手法，充分利用空间，提高空间的有效使用率。

（3）协调各专业之间的关系。对于现代空间，其结构空间丰富，功能要求多样，尤其各种设备纵横交错，相互位置关系复杂。在此情况下，其目的之一就是将各种设备进行有机组织，如风口、烟感、喷淋、音响、灯具等设施与吊顶或墙面的有机组合，使之具有良好的装饰性和形式感。因此，协调、解决好各工种之间的矛盾问题，可以减少这些设备所占据的空间，同时也能使空间处理更具特色。

2.1.2 遵循美学法则

无论室内设计还是景观设计，均应注重审美方面的追求，力争营造出既实用又具有艺术特色的空间环境。构造设计就是通过构造形式与方法、材料质地与色彩以及细部处理，改变室内外的空间形象，使技术与艺术融于一体，创造出较高品位的宜人的空间环境。

2.1.3 确保安全性、耐久性

装饰物或构件自身的强度和稳定性，不仅直接影响到装饰效果，还会涉及人身安全。装饰构件与主体结构的连接也应注意其稳定性，如果连接节点强度不足，则可能导致构件脱落，给人带来危害，如吊顶、灯具等，就应确保与主体结构连接的安全性。

2.1.4 满足施工方便和经济要求

构造设计应便于施工操作，便于各工序工种之间协调配合，同时也应考虑到检修方便。有的设计只顾造型自身的效果，却严重忽略了构造实施的可行性和经济性，给施工带来了极大的不便，势必会造成经济上的浪费。

2.2 室内设计构造要素

2.2.1 结构要素

结构要素作为建筑或景观小品的基础骨架，起着支撑整个实体、抵抗外力的重要作用。结构形式多种多样，较为传统的木结构、砖石结构等都是以天然材料作为结构体系；而现代的框架结构、钢结构等大都以金属材料和混凝土材料作为结构体系。

以前，设计师只能局限于原结构空间进行装饰或陈设的工作，精力也只能放在对界面的装修和陈设的处理上。新型的结构材料与结构方式就有可能带来空间整体样式的变化，材料与结构也随之成为主导空间样式的装饰要素，并形成了空间的律动感、整体感。这时，结构构件不再只是起承载外力的作用，同时还具有空间的限定和装饰作用（彩图38～彩图46）。

2.2.2 界面要素

空间的围合主要依靠界面的作用，界面由墙面、顶棚、地面及梁、柱等构成，都是构造设计的主体要素。我们平时做设计，实际上都把不少精力和关注的重点放在对界面要素的处理与推敲上，可见界面的处理对空间形象影响颇大。比例尺度是整体界面构造设计的重点之一（彩图47）。

地面作为空间限定的基础要素，其基面、边界限定出了空间的平面范围。对于地面，必须考虑防滑、耐磨和坚实的构造，以保证其安全性和耐久性（彩图48～彩图50）。

墙面应是建筑空间实在、具体的限定要素。其作用可以划分出完全不同的空间领域，也相应地带来不同的空间视觉感受。墙面的处理在设计中对空间的视觉影响颇大，不同的材料能构成许多效果不同的墙面，也能形成许多各种各样的细部构造处理手法。因此，我们在设计时对其关注也颇多，下的工夫和精力也不会少（彩图51～彩图61）。

梁和柱作为结构体系要素之一，同样也可归属于界面要素，只不过是室内或室外空间中相对虚拟的限定要素而已。它们规则的排列方式，构成了立体的虚拟空间（彩图62、彩图63）。

顶棚是空间围合的重要要素，对空间的视觉整体能产生很大的影响。顶棚的材料使用和构造处理，是空间限定量度的关键所在之一（彩图64、彩图65）。

光的运用在整体界面构造细部的设计中具有重要意义。采光与照明形成的光影效果与虚实关系，会对空间整体带来相当大的影响，处理不当可能会破坏界面的整体形象。相对单一色彩的界面构造细部一般易于处理，而多种色彩进行组合搭配的构造细部处理难度则相对大一些。问题的关键主要还是色彩之间的面积比率以及材料之间的衔接过渡关系（彩图66～彩图69）。

显然，界面之间的过渡及构造处理更是构造设计细部之中的细部。地面与墙面、墙面与顶棚、墙面与墙面及同一界面之中的细部变化，都应是过渡界面的构造细部。许多风格、流派都是通过这种过渡界面的构造细部显现出来的。

2.2.3 门窗要素

在空间主体的细部构造中，门窗作为空间限定和联系的过渡，对空间的形象和风格起着重要作用。门窗的位置、尺寸、造型构造等都会因功能的变化而变化，尤其是通过门窗的处理，有时会从中映射出整体空间的风格样式和性格特征（彩图70～彩图75）。

2.2.4 楼梯、护栏要素

作为垂直交通体系的楼梯，其形式可谓多种多样。随着技术的进步，其概念也已突破了传统的形制，轿厢式升降梯、自动滚梯及观景式升降梯的广泛使用，给人们带来了视觉上的巨大变化，对室内外空间界面的观赏角度也突破了原来静态的低视角状态。因此，楼梯作为空间构成要素，其构造设计的样式处理和材质变化应存在相当多的发挥空间，也是我们构造设计的关注重点（彩图76～彩图83）。

2.2.5 固定配置

固定配置也可称作固定配套设施。我们知道，就整体而言，室内外空间中的配套设施主要分为固定配置和活动配置。固定配置主要就是包括以固定方式出现的服务台、接待台、酒吧台、银行柜台、售货柜、固定屏风架及室外空间的花台、亭、廊、桥及小品等设置。

固定配置一般常由混合式构造组成，即固定的亭、台、架、柜，一般由混凝土结构、木结构、金属结构、砌块结构或厚玻璃结构等两种（或以上）结构形式所组合构成。当然，也有的固定配置其结构构造是以单一形式出现的。固定配置在室内或景观设计和施工中，一般是空间环境的功能要素和装饰要素，往往在某些环境内起着视觉中心作用（彩图84～彩图88）。

2.3 混合构造

2.3.1 混合构造的特点

这里之所以重点强调混合式构造，实

际上也并不是所有的固定配置的构造都是以混合式构造的形式呈现的，目前也有相当多的固定配置采用的是单一的结构构造方式（常用混凝土结构、木结构或金属结构等）。只是通过借助于固定配置这个载体，目的是介绍混合式构造的特点。这样似乎容易抓住相互之间的某些规律，更显得富有层次性和逻辑性，对了解和掌握装修构造设计应有一定帮助。

在固定配置中如采用混合式构造，还是有其一定的道理：一是为了满足配置的防火、防烫、防腐、耐磨和操作使用方便的功能要求；二是为了满足创造整体感和个性化装饰效果的要求；三则是重点保证了固定配置的结构稳定性。当然，由于现代施工技术和新型材料的不断发展，单一型构造的固定配置同样也不存在稳定性的问题。

2.3.2 混合构造的组合形式

（1）稳定性——在混合式构造中常以钢架结构、砌块砖结构或混凝土结构作为基础骨架，来保证固定配置的稳固性。

（2）实用性——通常用木结构（或厚玻璃结构）来组合成固定配置的功能使用部分，以满足使用要求。

（3）装饰性——用石材、木饰面、金属板、涂料等饰面材料作为固定配置的表面装饰，满足视觉和触觉等感观需要。

（4）精致性——用不锈钢槽、管，铜条、管，木线条等来构成固定配置上的点缀部分。

2.3.3 混合构造的基本连接方式

（1）石材与金属骨架之连接常采用干挂法或钢丝网水泥砂浆粘贴。

（2）石材与木结构之间采用强力云石胶粘接或铆钉连接。

（3）金属骨架与木结构的连接采用螺栓。

（4）砌块砖、混凝土结构与木结构之连接常采用预埋木楔方式。

（5）厚玻璃结构采用金属卡脚或玻璃胶固定。

（6）线条材料常用粘、卡、钉接固定。

金属材料之间存在以下连接方式：

（1）焊接；

（2）压子母槽连接；

（3）用铆钉螺栓连接；

（4）用强力胶粘贴其他基层材料；

（5）高压或热压，可弯曲一体施工；

（6）金属板直接置放于构架间。

装饰性金属材料之间的连接以后三种为主，而结构金属材料之间的连接多以前三种结合。

2.3.4 混合构造的质量要求

室内外设计对混合式构造配置体的质量要求是：各种结构之间连接稳固；不同材料的过渡流畅自然；衔接之处紧密贴切，达到整体上浑然一体的装饰效果。

由此可见，只要掌握了混合式构造的特点，对于其他单一的结构形式，如木结构、金属结构等，就比较容易把握了。而对感觉较复杂的装饰造型，也能够抓住其构造规律，对构造设计的"神秘感"和"畏惧心理"也会逐步减弱。

2.4 景观设计构造要素

从宏观或中观的角度来看，一些构成微观要素的基本细部做法，可视为景观设计的构造要素。了解和掌握其基本的构造原理，对我们的深化设计以及对设计可行性的落实会大有裨益。从以下植被、铺装、水体、景观设施及小品等几方面，可以具体地剖析其不同层面的相互关系以及构造关系，尤其在细部处理方面，甚至能折射出一定的人文特征和审美取向（彩图89、彩图90）。

2.4.1 植被要素

植被，从构造设计的角度来看，主要是因为植被往往在景观设计中并不是孤立存在的，我们应更多关注的是其边缘或界限与硬质铺装或设施的结合，故而显现出丰富的构造方式和处理手法（彩图91～彩图93）。而一些植物作为城市细部构造的重要组成部分，一旦处理不当，则成为破坏城市景观和城市文化的排头兵（彩图94）。

2.4.2 铺装要素

地面铺装的首要目的都是要满足设计的使用功能，同时也要考虑其视觉效果，以提高对环境的识别性。因此，地面铺装和植被设计在手法上虽表现为构图与形态，但其宗旨是方便使用者。

一般的道路铺装，通常采用块料、砂、石、木、预制品等面层，砂土基层多属该类型的景观铺装。这是上可透气，下可渗水的生态—环保道路。

地面铺装的类型根据铺装的材质一般可分为：

（1）沥青路面：多用于城市道路、国道；

（2）混凝土路面：多用于城市道路、国道；

（3）石材、卵石嵌砌路面：多用于各种公园、广场、居住区休闲空间；

（4）砖砌铺装：用于城市人行道、小区道路的人行道、广场等。

地面铺装的手法在满足使用功能的前提下，常常采用线性、拼图、色彩、材质搭配等手法为人们提供活动的场所或引导行人通达某个既定的地点。通常一种类型铺装内，可用不同大小、材质和拼装方式的块料来组成，关键是用什么铺装在何种区域来强化细部特色。例如，主要干道、交通流量大的地方，要牢固、平坦、防滑、耐磨，线条简洁大方，便于施工和管理。

如采用同一种石材，可变化规格或拼砌方法以丰富其细部效果。块料的大小、形状，除了要与环境、空间相协调，还要适于块料尺寸模数以及相互之间的关系，使不同材质拼砌的色彩、质感、形状等形成有机统一。这时不同铺装材质的交接以及对边缘的细部处理则成为设计的重要节点（彩图95～彩图99）。

2.4.3 水体要素

水体是景观设计的主要要素之一。水景构造一般将水体分为静态水和动态水的设计方法。动态的水一般是指人工景观中的喷泉、瀑布、活水公园等。自然状态下的水体和人工状态下的水体，起侧面、底面也是不一样的。自然状态下的水体，如自然界的湖泊、池塘、溪流等，其边坡、底面均是天然形成。人工状态下的水体，如喷水池、游泳池等，其侧面、底面均是人工构筑物。但不论何种水体形式，水均是依托硬质造型来体现的（彩图100～彩图103）。

因此，水体构造设计要考虑以下几点：

水景设计和地面排水结合；

管线和设施的隐蔽性设计；

防水层和防潮性设计；

与灯光照明相结合；

寒冷地区考虑结冰防冻。

2.4.4 设施与小品要素

设施景观主要指各种材质的公共艺术（如城市雕塑、小品、壁画等）或公共设施，如休息设施（各种椅凳等）、拦阻设施、服务设施（如垃圾箱、饮水器、公用电话、健身器等）。它们作为城市中的景观的一些小元素是不太引人注意的，但是它们却又是城市生活中不可或缺的设施，是现代室外环境的一个重要组成部分，有人又称它们是"城市家具"。还有一些大的设施在人们生活中也扮演着重要角色，如运动场等。无论这些设施大小如何，它们都已经越来越成为城市整体环境的一部分，也是城市景观营建中不容忽视的环节，所以又被称为"设施景观"（彩图104～彩图114）。

因此，必须了解景观设施的实质特征（如大小、质量、材料、生活距离等）、美学特征（大小、造型、颜色、质感）以及机能特征（品质影响及使用机能），并预期不同的设施设计及组合、造型配置后所能形成的品质和感觉，确定发挥其潜能。然而，一些景观设施却扮演着"城市垃圾"的角色（彩图115、彩图116），还美其名曰爱护自然，保护动物。如此定位，只能使设计思维误入歧途，突破了创意的底线。

另外，设计中还必须考虑到设施景观的安全性，以防止它们被盗或遭到破坏。对于小型的设施应该把它们牢固地安装在地面或者墙上，保证所有的装配构件都没有被移动、拆卸的可能。当然，也不能解决了技术性问题就忽视了设计创新。一些设施如楼梯、护栏等在考虑必要围护的基础上，仍要在形式和构造方面寻求突破，使艺术性和人性化落实到实处（彩图117～彩图120）。

2.5 室内设计常用细部构造

我们平时常见的构造无非是楼地面构造、墙面构造、天花吊顶构造及其他细部构造等，由于材料不同、做法不同，很难逐一道来。因此，只能抓其重点，介绍其规律性的构造形式，待我们在以后工作中创造出一些新的构造设计，以丰富细部构造类型。

2.5.1 楼地面细部构造

楼地面是楼层地面和底层地面的总称。但在室内装饰设计中，我们接触的建筑多是楼房，其一层空间的地面也因建筑较多存在若干层的地下空间，因此仍可将一层地面作为楼层地面来对待。除非地下空间的最底层，一般我们遇到的或常说的地面，通常可理解成楼层地面。而底层地面由于不很普遍，这里暂不重点表述。

1. 楼地面构造层次

楼地面一般是由承担荷载的结构层

（主要指楼板）和满足使用要求的饰面两个部分组成。有时为满足找平、结合、防水、防潮、保温、隔热、隔声、弹性及管线等功能要求，往往需要在基层与面层之间增加若干中间层。

2. 楼地面饰面分类

我们常用的地面饰面材料不少，主要有石材地面、地砖地面、木地板地面、强化地板地面、地毯地面等，同时每种材料又有很多花样，会产生丰富的地面效果。

根据构造方法和施工工艺，可分成整体式地面、块材式地面、木地面及软质铺贴式地面等。

（1）整体式地面一般造价较低，面层无接缝，档次上也偏低。我们常见的现浇水磨石地面、水泥砂浆地面、细石混凝土地面、涂布油漆地面等均属此类。现阶段似乎有点另类追求的设计，采用此地面做法也颇多。

（2）块材式地面主要指形状各异的块状材料做成的地面。主要以马赛克、地砖、预制水磨石、天然石材、玻璃等材料较为常用。块材地面铺贴，应先清扫基层，并撒一道素水泥浆以增加粘结力；再摊铺1：3水泥砂浆结合层（也有找平作用）。马赛克、地砖地面用的通常是20mm厚的1：3水泥砂浆找平层（图2-1）；大理石、花岗石地面一般用30mm厚的1：3干硬性水泥砂浆找平层，随后再撒素水泥浆一道，铺贴面材（图2-2）。

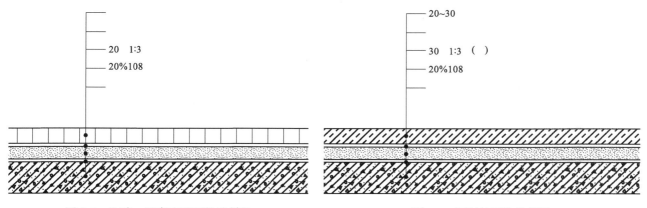

图 2-1　地砖、马赛克地面构造做法　　　　图 2-2　石材地面构造做法

（3）木地板地面按材质不同可简单分为实木地板、复合木地板、强化地板、软木地板等。按构造形式划分，有直铺式、架空式、实铺式。

① 直铺式：即直接将地板（如强化地板）悬浮铺在地面上，下垫防潮隔离垫层；也可将地板粘结在找平后的地面上。

② 架空式：此地垄式做法较为传统，而且占有空间过多，目前较少采用。当下多以钢结构作为支撑骨架，简便而又能保证强度。

③ 实铺式：在结构基层找平的基础上固定木龙骨，上敷设基层板材，再铺木地板；或将木地板直接固定在龙骨上。

（4）软质铺贴式地面最常用的就是地毯（图2-3）、塑料地板等。

这里需要重点强调的是，楼地面施工工艺虽然各有不同，但其构造形式却并不复杂，况且我们学习构造知识，目的是通过图纸来表现其构造。因此，只要掌握一定的工艺做法，图纸表现构造形式相对简单，大多为常规做法，图纸表现时没必要面面俱到。

3. 特殊地面构造

（1）玻璃地面：此种地面做法，目前最常见的就是电视台的综艺、访谈类演播空间的地面，以及舞厅的舞台和舞池等。

地面透光材料常用钢化夹层玻璃、双层中空钢化玻璃等。架空支撑结构一般有钢结构（如100×100方钢、L50×50角钢等）支架、混凝土或砖墩等，钢结构较多常用。并考虑侧面每隔3～5m预留180mm×180mm的散热孔（加封钢丝网，以防耗子之类破坏捣乱）。应尽量选用冷光源灯具，以免散发大量光热（图2-4、彩图121）。

（2）活动夹层地板：此类地板一般具有抗静电性能，配以缓冲垫、橡胶条及可调节的金属支架等。安装、调试、维修较为便捷，板下可敷设管道和管线，所以常用于计算机房、指挥控制中心、剧场、舞台等（彩图122）。

我们在这里应重点关注活动夹层地板的标高、规格尺寸、预留插座接口的位置等，而对于其构造，了解其施工原理即可，似乎没有太大必要在图纸上交代得过于具体，因为毕竟都是一般常规做法。

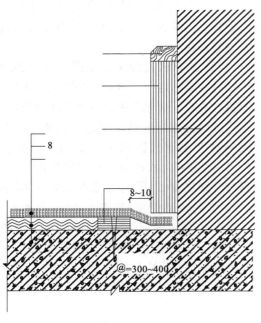

图2-3 倒刺板法铺设地毯构造示意

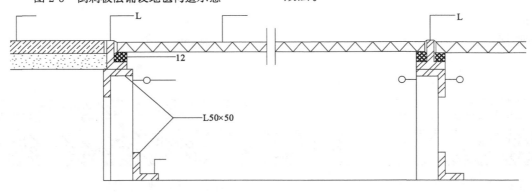

图2-4 玻璃地面构造示意

2.5.2　墙面装修细部构造

这里主要指室内空间的墙面构造。当然，随着设计新思路的不断涌现，许多外墙材料也频频出现在室内空间中，如清水墙面、混凝土墙面以及一些外墙砖等都较常使用在室内墙面上。

按照施工工艺和材料的不同，墙面构造可分为抹灰类、贴面类、卷材类、涂刷类、饰面板类、清水墙类等。其中，抹灰类、卷材类、涂刷类、清水墙类主要在其施工工艺，它们构造的图纸表现也同样不复杂，一般都有相关的施工标准和规范。我们只要知道结构墙体和面层之间还存在一定比例关系的中间结合层，就容易在图纸上表现其构造了，关键在于文字说明其构造做法。这里不作重点强调。

1. 贴面类饰面构造

这里主要指不同规格的块材形成的墙体贴面。由于材料的形状、重量、装饰部位可能不同，它们之间的构造方法也会有一定差异。轻而小的材料（如瓷砖、马赛克、小块石材等）可直接用水泥砂浆镶贴，大而厚重的材料（如大理石、花岗石等）则应采取钩挂方式，以保证与主体结构的连接牢固。

现在市面上也有一种叫做瓷砖胶粘剂的材料。作为一种新型的粘贴辅料，应可带来一种替代传统的水泥砂浆粘贴瓷砖的新方法、新工艺。瓷砖无须预先浸水，基面也不需打湿，只要铺装的基础条件较好，就可以使施工作业的效率得到较大改善。其粘结效果也超过了常规的水泥砂浆粘贴工艺，尤其适用于作业面小且工作环境不理想的中小工程和家庭装修。

对于钩挂类贴面，前面也已经讲过，一是灌浆法（湿贴），另一种则是干挂法（空挂），二者有不同之处，但也存在某些共同点。我们可能对这两种构造形式还是有些不太清楚，感觉不知如何在图纸上表现它们，如何画出其构造节点，就是看相关此类图纸也是眼花缭乱、晕头转向。虽然理论上对于节点构造的交代应具体而准确，但若是处于初学阶段，我们在图纸上表现其构造详图时，应明白和掌握其构造的规律和施工工艺的可行性。不管哪类方法，石材与结构墙体之间是存在一定比例的空隙的，如果暂时不了解其内部连接构造，也可只画出其比例关系，文字说明其构造方法即可。与其画不清楚，那就别盲目乱画，否则，只能给施工带来不必要的麻烦。因此，重点要交待贴面材料的规格、厚度、品种及外表装饰的造型（图 2-5、彩图 123、彩图 124）。

常用石材阳角处理：（图 2-6）

2. 饰面板类构造

这里主要指木饰面板（如榉木板、樱桃木板、胡桃木板、柚木板、枫木板等）、胶合板、石膏板、玻璃、薄金属板等饰面板，通过钉、胶、镶等构造方法形成的墙面做法。

饰面板类的构造做法，与饰面材料的种类有关。如吸声板饰面，一般是先在结构墙体上固定龙骨架（木龙骨或金属龙骨），然后直接固定吸声板。也有在龙骨上固定厚基层板（如环保型大芯板等），形成结构层，最后利用钉、粘、铆、嵌等方法，将饰面板固定在结构基层上。我们平时常见的木质墙面、软包饰面等构造做法均属同类（图 2-7）。

2.5.3　顶棚装修细部构造

顶棚装修一般可有以下几种分类方法：

1）按构造层显露状况的不同分类：开敞式顶棚、隐蔽式顶棚。

2）按面层与龙骨的关系不同分类：固定式顶棚、活动装配式顶棚。

3）按承受荷载大小的不同分类：上人顶棚、不上人顶棚。

4）按施工方法不同分类：抹灰涂刷类顶棚（如乳胶漆饰面）、裱糊类顶棚（如贴壁纸、金箔）、贴面类顶棚（如镶贴木饰面板）、装配式顶棚（如安装矿棉板、铝扣板）等。

5）按顶棚装修饰面与结构楼板基层关系的不同分类：直接式、悬吊式。

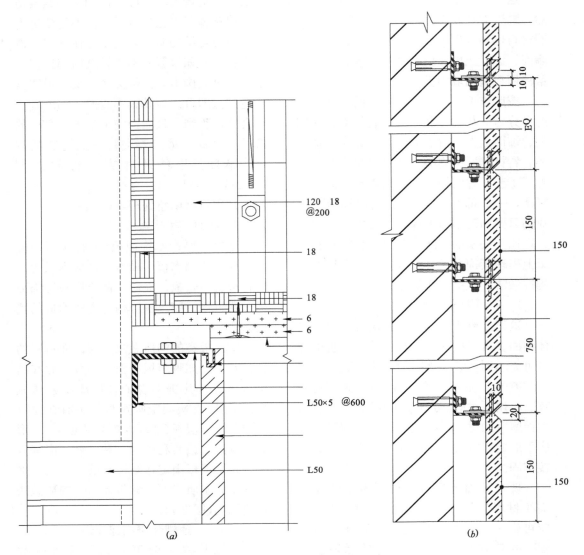

图 2-5　石材干挂示意

(a)竖剖(一)；(b)竖剖(二)

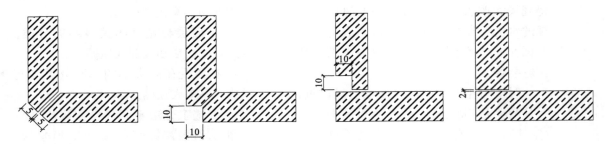

图 2-6　常用石材阳角处理

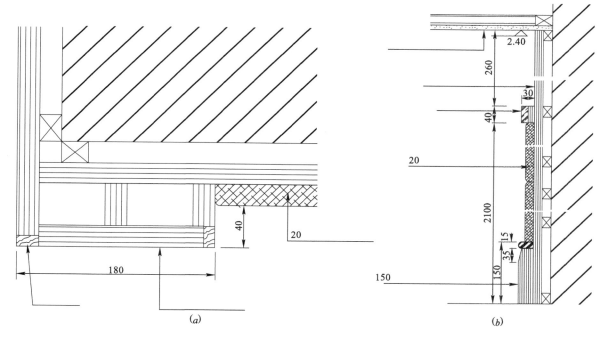

图 2-7 软包、墙体饰面构造处理

(a)软包、木饰墙面构造处理;(b)软包墙体构造处理

（1）直接式顶棚：即不使用吊杆，直接在结构楼板底面进行基层处理，抹灰、涂刷、粘贴壁纸、装饰石膏造型等，管线等设备也均已预埋。我们常见的家装顶棚因空间较低，多常用此做法。

（2）悬吊式顶棚：实际上就是常用的所谓"吊顶"。指顶棚的装饰面层与楼板之间留有一定距离，在此段空间中，通常需结合布置各类管道、设备，如空调风管、电管、烟感、喷淋、灯具等。吊顶还可高低变化，进行叠级造型处理，丰富空间层次。此类做法较为普遍（彩图125、彩图126）。

悬吊式顶棚主要由吊筋、基层、面层三大部分组成。

① 吊筋是连接龙骨与结构楼板的承重构件，承受顶棚的荷载。吊筋有钢筋（间距900～1200mm）、型钢（角钢或H型钢等，用于重型顶棚）、木龙骨（考虑到防火要求，尽量不用或少用）。

② 基层即骨架层，由主龙骨、次龙骨（图2-8）等形成网格骨架体系，下连接

面层。顶棚基层一般有金属基层（常用轻钢龙骨和铝合金龙骨）、木基层（一般为框架式和板式，多用于造型较复杂的顶棚，但须进行防火处理）两大类。

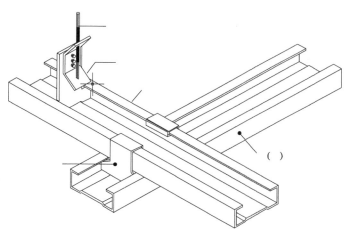

图 2-8 主次龙骨连接构造

③ 顶棚面层不但能起装饰作用，还可具有吸声、反射等功能。面层有抹灰类、板材类、格栅类，常用板材类有纸面石膏板、矿棉吸声板、金属微孔板、硅钙板等。

各类顶棚（吊顶）构造见图2-8～图2-12。

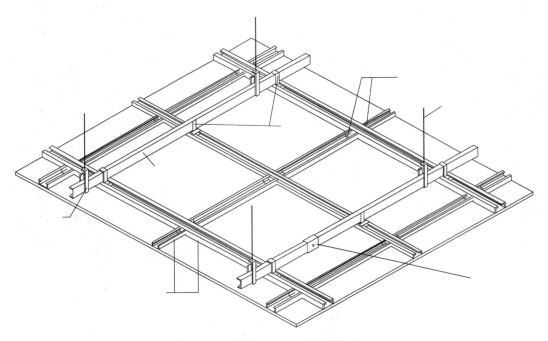

图 2-9　轻钢龙骨纸面石膏板吊顶构造

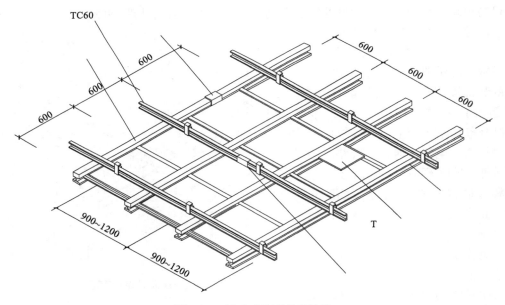

图 2-10　活动式装配吊顶构造

22

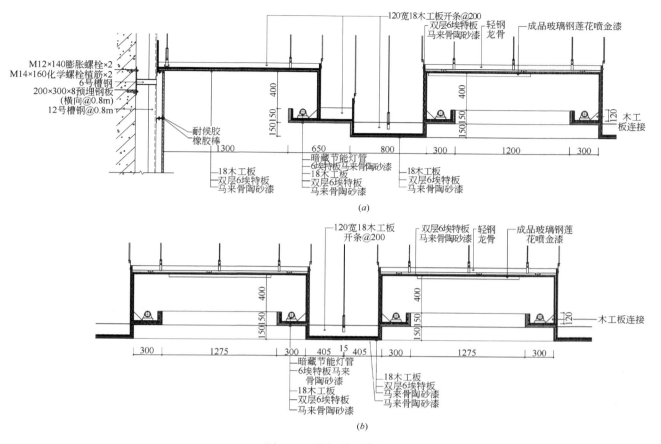

120宽18木工板开条@200
双层6埃特板马来骨陶砂漆
轻钢龙骨
成品玻璃钢莲花喷金漆

M12×140膨胀螺栓×2
M14×160化学螺栓植筋×2
6号槽钢
200×300×8预埋钢板
(横向@0.8m)
12号槽钢@0.8m

耐候胶
橡胶棒

木工板连接

400
150 150
120

1300   650   800   300   1200   300

暗藏节能灯管
6埃特板马来陶砂漆
18木工板
双层6埃特板
马来骨陶砂漆

18木工板
双层6埃特板
马来骨陶砂漆

18木工板
双层6埃特板
马来骨陶砂漆

(a)

120宽18木工板
开条@200
双层6埃特板
马来骨陶砂漆
轻钢龙骨
成品玻璃钢莲花喷金漆

400
150 150
120

木工板连接

300   1275   300   405 15 405   300   1275   300

暗藏节能灯管
6埃特板马来
骨陶砂漆
18木工板
双层6埃特板
马来骨陶砂漆

18木工板
双层6埃特板
马来骨陶砂漆

(b)

图 2-11　叠级吊顶构造

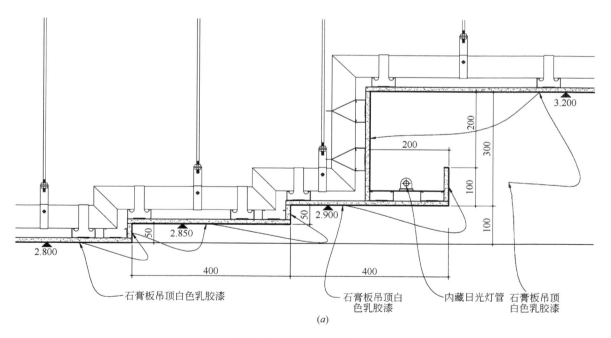

3.200
200
200
300
100
100
2.900
2.850
50
50
2.800
400   400

石膏板吊顶白色乳胶漆

石膏板吊顶白色乳胶漆
内藏日光灯管
石膏板吊顶白色乳胶漆

(a)

图 2-12　顶棚灯槽构造(一)

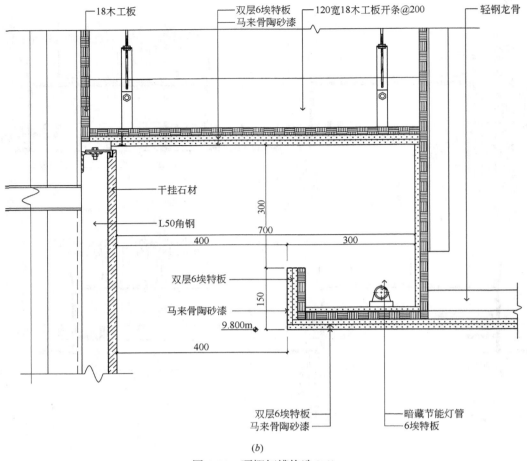

图 2-12 顶棚灯槽构造(二)

2.5.4 室内设计常用细部构造

1. 柱子构造处理(图 2-13、图 2-14)

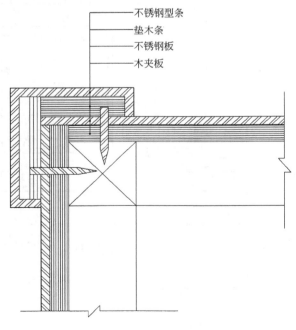

图 2-13 方形包柱的转角收口

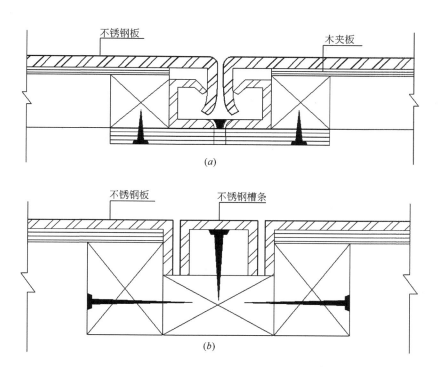

图 2-14　圆形包柱卡口式和嵌槽压式收口

(a)卡口式；(b)嵌槽压口式

2. 门及门套构造处理(图 2-15)

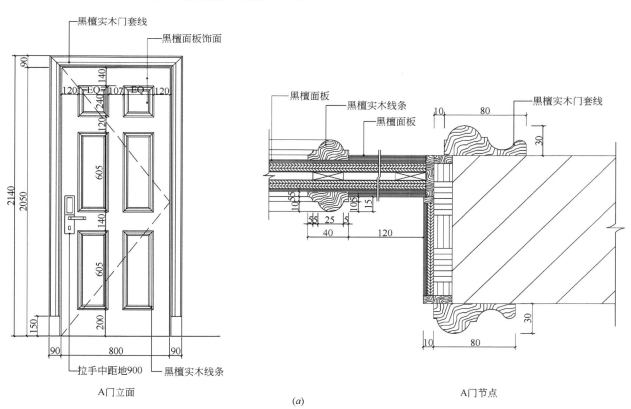

(a)

图 2-15　门及门套构造处理(一)

(a)A门及门套构造处理

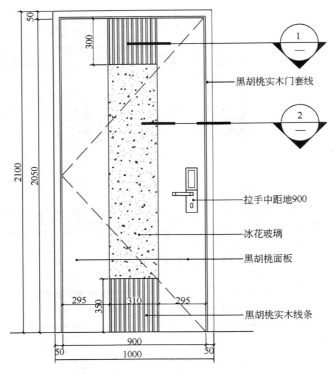

B门立面

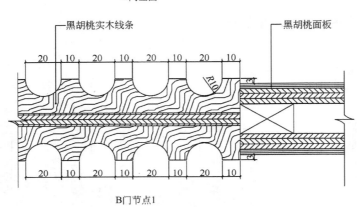

B门节点1

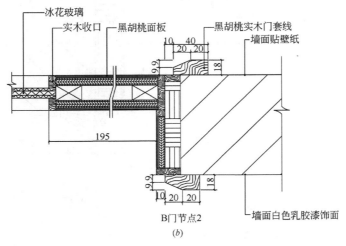

B门节点2

(b)

图 2-15 门及门套构造处理(二)

(b)B门及门套构造处理

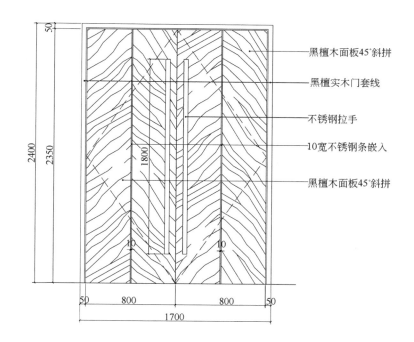

C门立面

黑檀木面板45°斜拼

黑檀实木门套线

不锈钢拉手

10宽不锈钢条嵌入

黑檀木面板45°斜拼

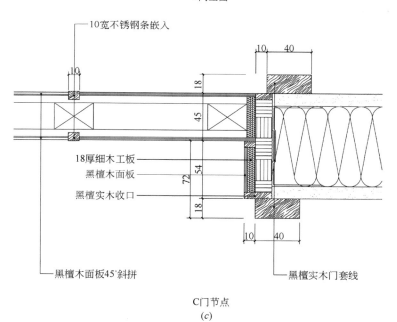

10宽不锈钢条嵌入

18厚细木工板

黑檀木面板

黑檀实木收口

黑檀木面板45°斜拼

黑檀实木门套线

C门节点

(c)

图 2-15　门及门套构造处理(三)

(c)C门及门套构造处理

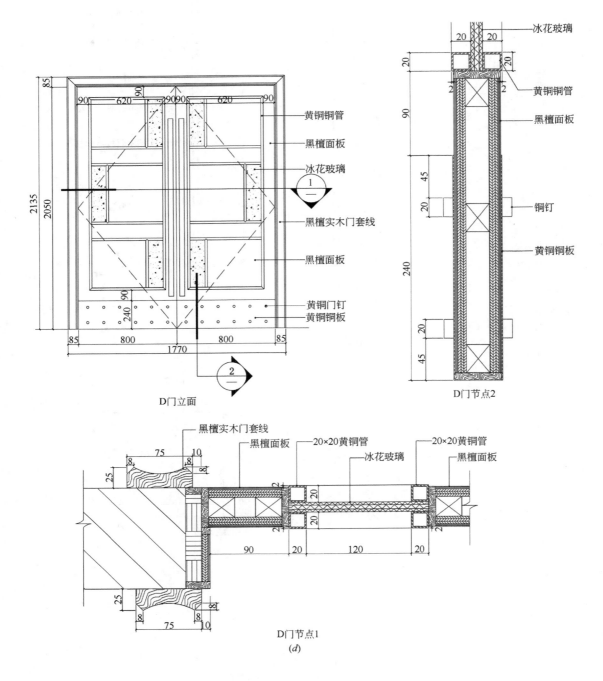

图 2-15　门及门套构造处理(四)

(d)D门及门套构造处理

3. 楼梯护栏构造处理(图 2-16)

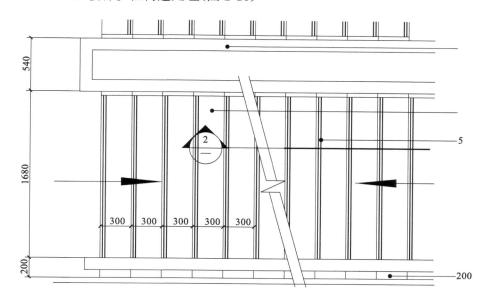

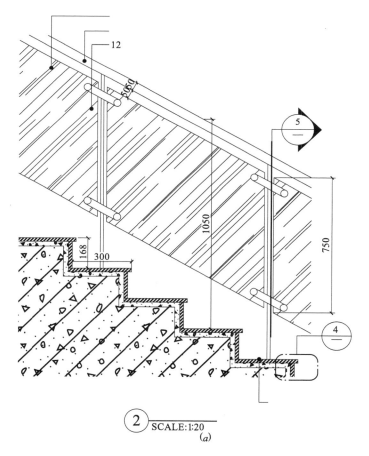

图 2-16　楼梯护栏构造处理(一)

(a)楼梯护栏构造处理(一)

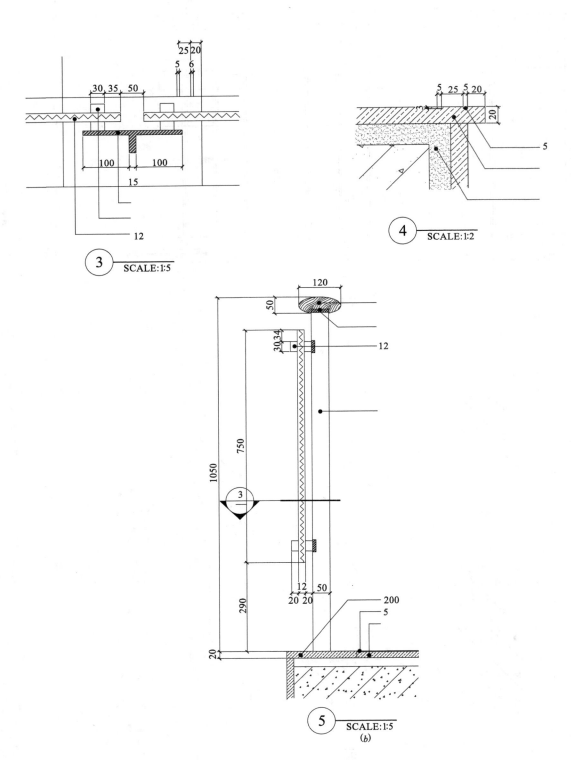

图 2-16　楼梯护栏构造处理(二)

(b)楼梯护栏构造处理(二)

4. 固定配置(洗手台、服务台)构造处理(图 2-17)

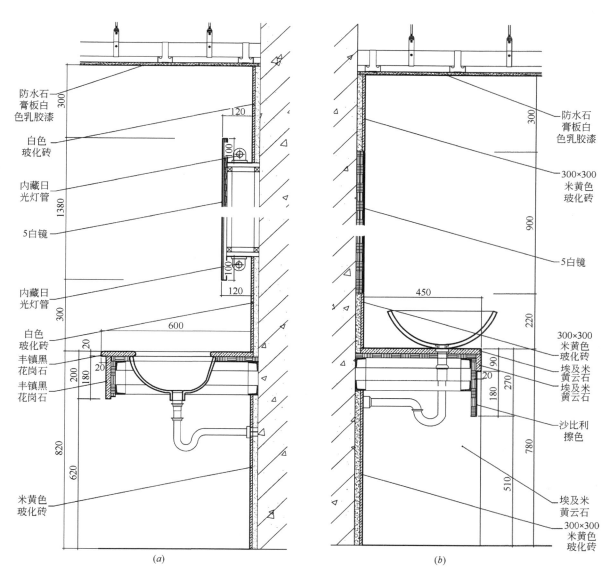

图 2-17　固定配置构造处理(一)
(a)固定配置构造处理(一)；(b)固定配置构造处理(二)

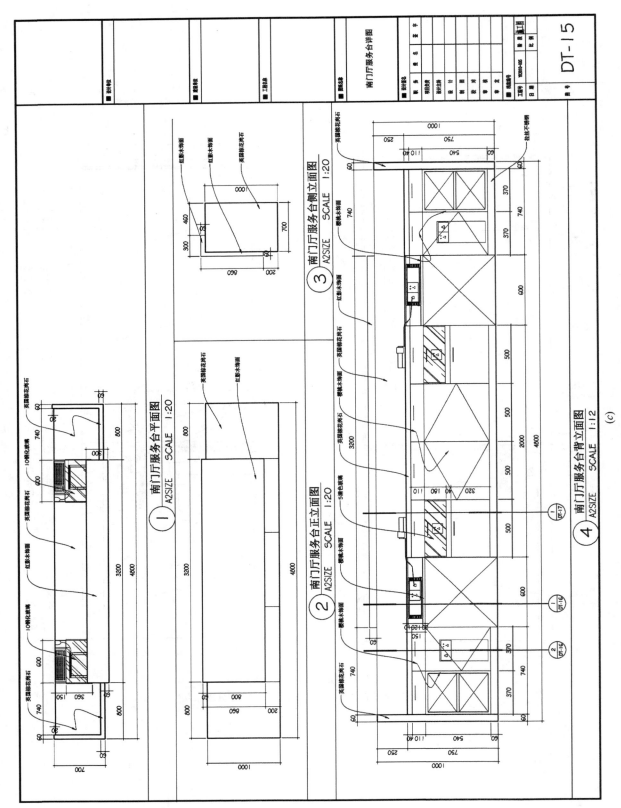

图 2-17　固定配置构造处理（二）

(c)南门厅服务台详图

（c）

南门厅服务台详图

DT-15

32

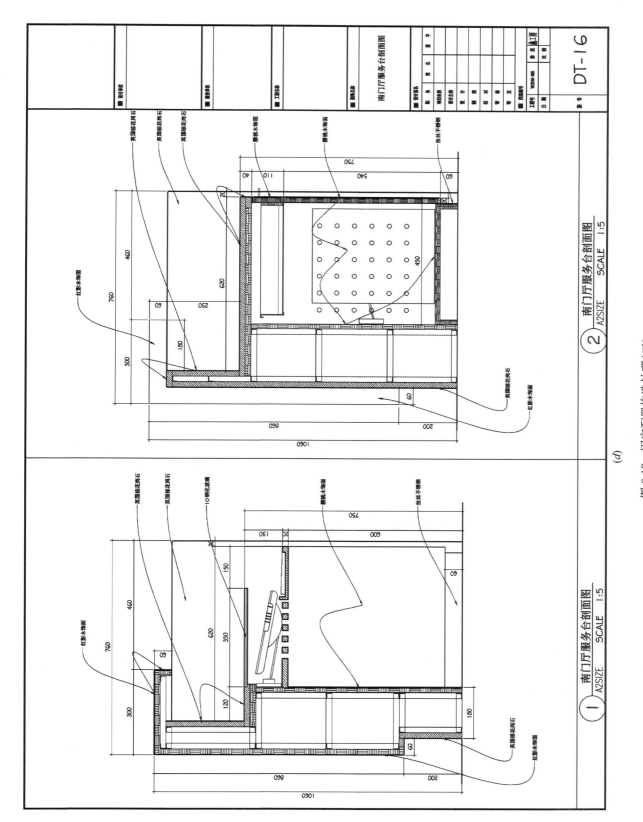

图 2-17　固定配置构造处理（三）

(d) 南门厅服务台剖面图

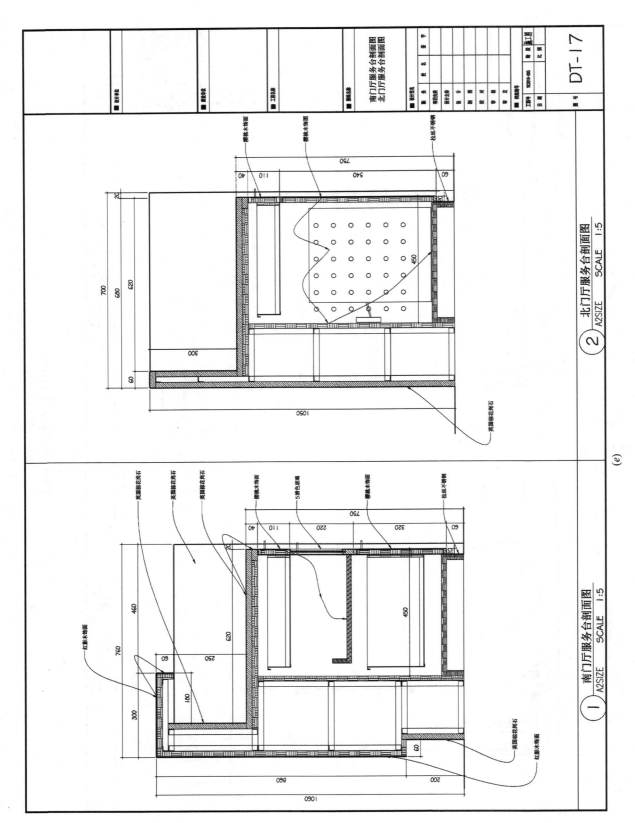

图 2-17 固定配置构造处理（四）

(e) 南、北门厅服务台剖面图

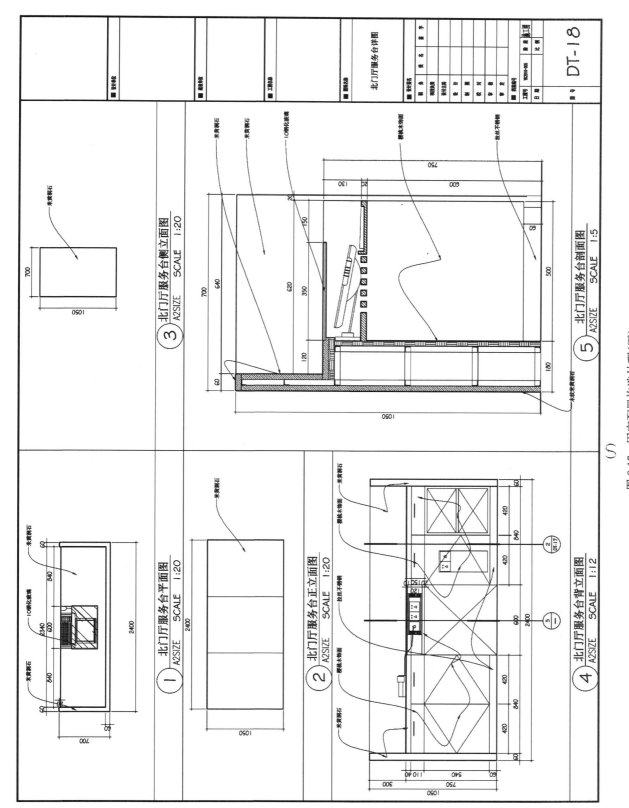

图 2-17　固定配置构造处理（五）

（f）北门厅服务台详图

35

2.6 景观设计常用细部构造

2.6.1 地面铺装细部构造

见图 2-18。

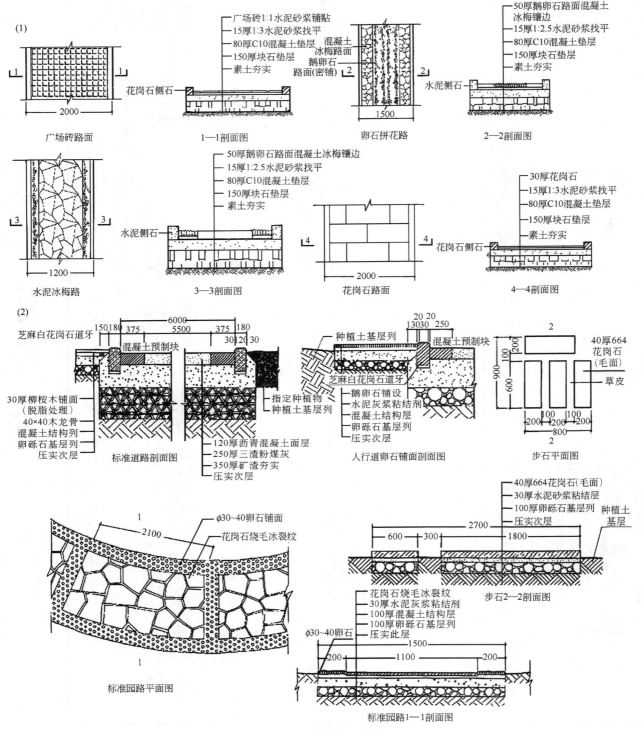

图 2-18 地面铺装构造做法（一）

(3)

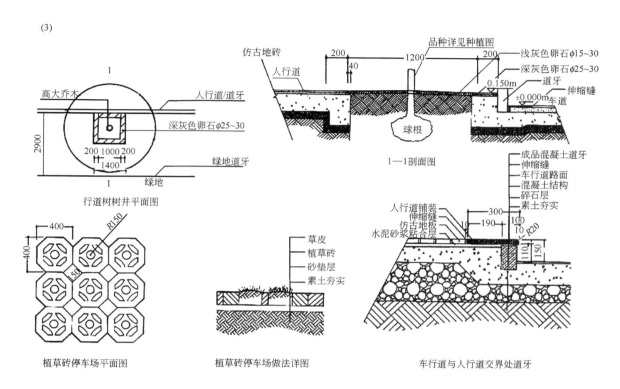

行道树树井平面图

高大乔木
人行道/道牙
深灰色卵石φ25~30
绿地道牙
绿地

仿古地砖
人行道
品种详见种植图
浅灰色卵石φ15~30
深灰色卵石φ25~30
道牙
伸缩缝
车道
球根

1—1剖面图

植草砖停车场平面图

草皮
植草砖
砂垫层
素土夯实

植草砖停车场做法详图

成品混凝土道牙
伸缩缝
车行道路面
混凝土结构
碎石层
素土夯实
人行道铺装
伸缩缝
仿古地板
水泥砂浆粘合层

车行道与人行道交界处道牙

图 2-18　地面铺装构造做法(二)

2.6.2　路缘侧石细部构造

见图 2-19。

2.6.3　台阶踏步细部构造

见图 2-20

2.6.4　坐凳树池细部构造

见图 2-21。

2.6.5　挡土景墙细部构造

见图 2-22。

2.6.6　围墙栏杆细部构造

见图 2-23。

2.6.7　沿地坎坡细部构造

见图 2-24。

2.6.8　廊架花架细部构造

见图 2-25。

2.6.9　水景墙细部构造

见图 2-26。

(1)

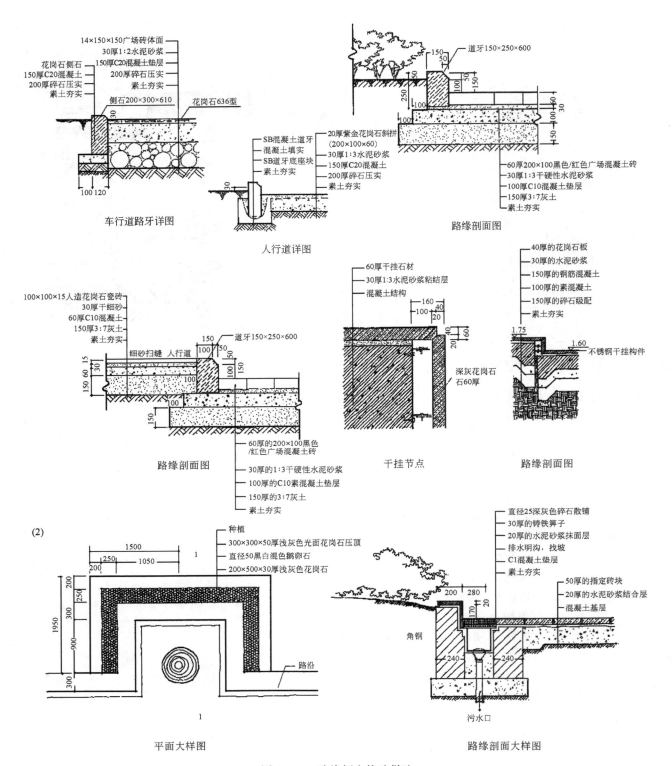

14×150×150广场砖体面
30厚1:2水泥砂浆
150厚C20混凝土垫层
200厚碎石压实
素土夯实

花岗石侧石
150厚C20混凝土
200厚碎石压实
素土夯实

侧石200×300×610
花岗石636型

30
100 120

车行道路牙详图

道牙150×250×600
150
50
50
50
250
100
100

SB混凝土道牙
混凝土填实
SB道牙底座块
150厚C20混凝土
200厚碎石压实
素土夯实

30

人行道详图

20厚紫金花岗石斜拼
(200×100×60)
30厚1:3水泥砂浆
150厚C20混凝土
200厚碎石压实
素土夯实

60
30
50

60厚200×100黑色/红色广场混凝土砖
30厚1:3干硬性水泥砂浆
100厚C10混凝土垫层
150厚3:7灰土
素土夯实

路缘剖面图

100×100×15人造花岗石瓷砖
30厚干细砂
60厚C10混凝土
150厚3:7灰土
素土夯实

细砂扫缝 人行道
道牙150×250×600
150
100
50
50
100
150
100
100

150 60 15
30
150

60厚的200×100黑色/红色广场混凝土砖
30厚的1:3干硬性水泥砂浆
100厚的C10素混凝土垫层
150厚的3:7灰土
素土夯实

路缘剖面图

60厚干挂石材
30厚1:3水泥砂浆粘结层
混凝土结构

160
100 40
20
40
60
20

深灰花岗石
石60厚

干挂节点

40厚的花岗石板
30厚的水泥砂浆
150厚的钢筋混凝土
100厚的素混凝土
150厚的碎石级配
素土夯实

1.75
1.60

不锈钢干挂构件

路缘剖面图

(2)

1500
250 1050
200
200
250
300
900
300

1950

种植
300×300×50厚浅灰色光面花岗石压顶
直径50黑白混色鹅卵石
200×500×30厚浅灰色花岗石

路沿

1

平面大样图

直径25深灰色碎石散铺
30厚的铸铁箅子
20厚的水泥砂浆抹面层
排水明沟,找坡
C1混凝土垫层
素土夯实

200 280
170
20

50厚的指定砖块
20厚的水泥砂浆结合层
混凝土基层

角钢

240
240

污水口

路缘剖面大样图

图2-19 路缘侧右构造做法

38

(1)

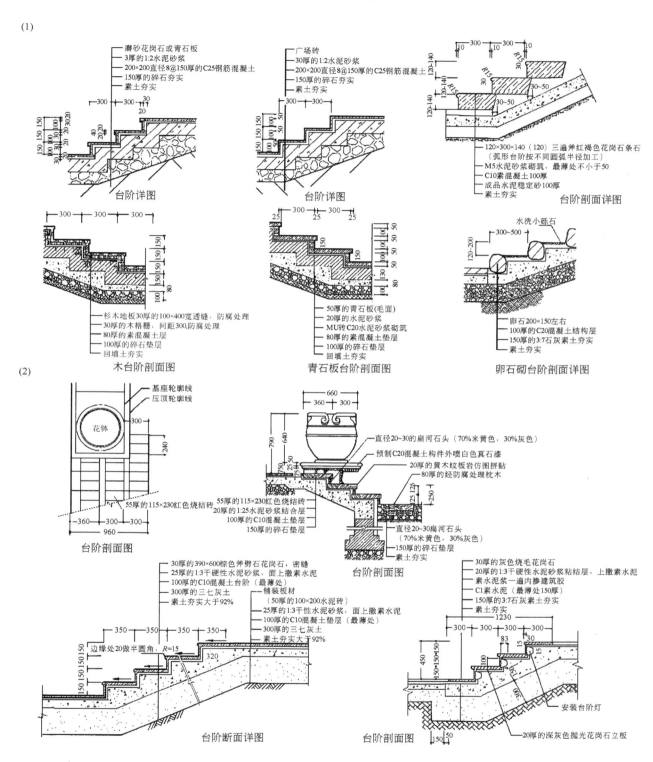

磨砂花岗石或青石板
3厚的1:2水泥砂浆
200×200直径8@150厚的C25钢筋混凝土
150厚的碎石夯实
素土夯实

台阶详图

广场砖
30厚的1:2水泥砂浆
200×200直径8@150厚的C25钢筋混凝土
150厚的碎石夯实
素土夯实

台阶详图

120×300×140（120）三遍斧红褐色花岗石条石
（弧形台阶按不同圆弧半径加工）
M5水泥砂浆砌筑，最薄处不小于50
C10素混凝土100厚
成品水泥稳定砂100厚
素土夯实

台阶剖面详图

杉木地板30厚的100×400宽透缝，防腐处理
30厚的木格栅，间距300,防腐处理
80厚的素混凝土层
100厚的碎石垫层
回填土夯实

木台阶剖面图

50厚的青石板(毛面)
20厚的水泥砂浆
MU砖C20水泥砂浆砌筑
80厚的素混凝土垫层
100厚的碎石垫层
回填土夯实

青石板台阶剖面图

水洗小砾石
卵石200×150左右
100厚的C20混凝土结构层
150厚的3:7石灰素土夯实
素土夯实

卵石砌台阶剖面详图

(2)

基座轮廓线
压顶轮廓线
花钵
55厚的115×230红色烧结砖

台阶剖面图

直径20~30的扁河石头（70%米黄色，30%灰色）
预制C20混凝土构件外喷白色真石漆
20厚的黄木纹板岩仿图拼贴
80厚的经防腐处理枕木
55厚的115×230红色烧结砖
20厚的1:25水泥砂浆结合层
100厚的C10混凝土垫层
150厚的碎石垫层
直径20~30扁河石头（70%米黄色，30%灰色）
150厚的碎石垫层
素土夯实

台阶剖面图

30厚的390×600棕色斧劈石花岗石，密缝
25厚的1:3干硬性水泥砂浆，面上撒素水泥
100厚的C10混凝土台阶（最薄处）
300厚的三七灰土
素土夯实大于92%
边缘处20做半圆角，R=15

台阶断面详图

铺装板材
（50厚的100×200水泥砖）
25厚的1:3干性水泥砂浆，面上撒素水泥
100厚的C10混凝土垫层（最薄处）
300厚的三七灰土
素土夯实大于92%

30厚的灰色烧毛花岗石
20厚的1:3干硬性水泥砂浆粘结层，上撒素水泥
素水泥浆一遍内掺建筑胶
C1素水泥（最薄处150厚）
150厚的3:7石灰素土夯实
素土夯实
安装台阶灯
20厚的深灰色抛光花岗石立板

台阶剖面图

图 2-20　台阶踏步构造做法

(1)

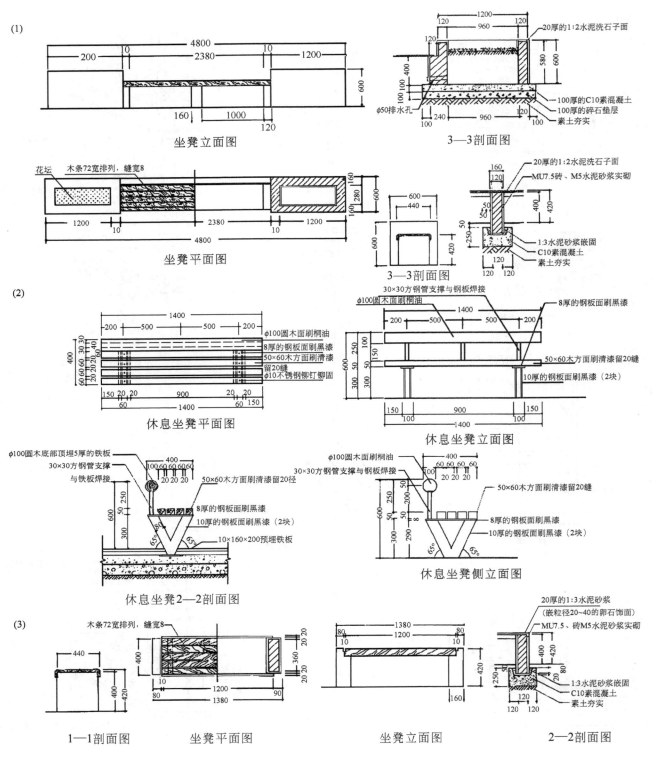

坐凳立面图

3—3剖面图

20厚的1:2水泥洗石子面

100厚的C10素混凝土
100厚的碎石垫层
素土夯实

φ50排水孔

坐凳平面图

花坛　木条72宽排列，缝宽8

3—3剖面图

20厚的1:2水泥洗石子面
MU7.5砖、M5水泥砂浆实砌
1:3水泥砂浆嵌固
C10素混凝土
素土夯实

(2)

休息坐凳平面图

φ100圆木面刷桐油
8厚的钢板面刷黑漆
50×60木方面刷清漆
留20缝
φ10不锈钢铆钉铆固

30×30方钢管支撑与钢板焊接
φ100圆木面刷桐油
8厚的钢板面刷黑漆
50×60木方面刷清漆留20缝
10厚的钢板面刷黑漆（2块）

休息坐凳立面图

φ100圆木底部顶埋5厚的铁板
30×30方钢管支撑
与铁板焊接
50×60木方面刷清漆留20径
8厚的钢板面刷黑漆
10厚的钢板面刷黑漆（2块）
10×160×200预埋铁板

休息坐凳2—2剖面图

φ100圆木面刷桐油
30×30方钢管支撑与钢板焊接
50×60木方面刷清漆留20缝
8厚的钢板面刷黑漆
10厚的钢板面刷黑漆（2块）

休息坐凳侧立面图

(3)

木条72宽排列，缝宽8

1—1剖面图　　　坐凳平面图

20厚的1:3水泥砂浆
（嵌粒径20~40的卵石饰面）
MU7.5、砖M5水泥砂浆实砌
1:3水泥砂浆嵌固
C10素混凝土
素土夯实

坐凳立面图　　　2—2剖面图

图 2-21　坐凳树池构造做法（一）

40

(4)

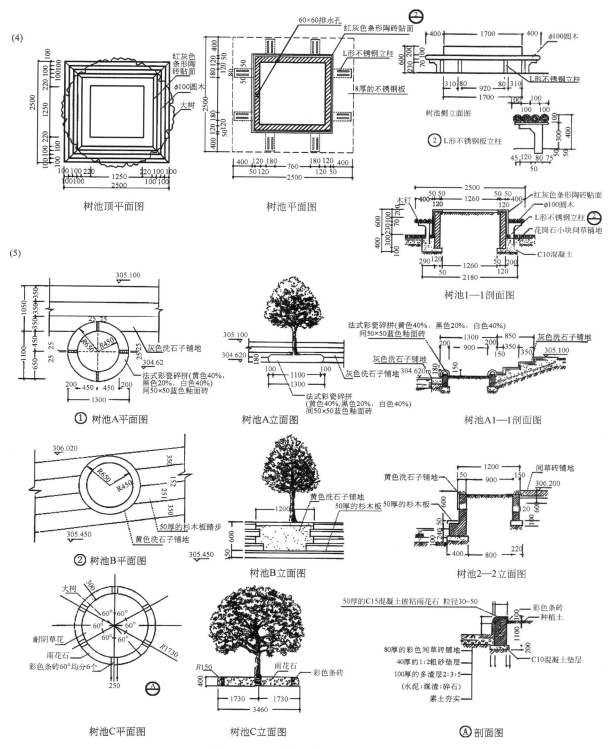

树池顶平面图

60×60排水孔
红灰色条形陶砖贴面
L形不锈钢立柱
8厚的不锈钢板

树池平面图

树池侧立面图

② L形不锈钢板立柱

红灰色条形陶砖贴面
木钉
φ100圆木
L形不锈钢立柱
花岗石小块间草铺地
C10混凝土

树池1—1剖面图

(5)

灰色洗石子铺地
法式彩瓷碎拼(黄色40%，黑色20%，白色40%)
间50×50蓝色釉面砖

① 树池A平面图

树池A立面图

法式彩瓷碎拼(黄色40%，黑色20%，白色40%)
间50×50蓝色釉面砖
灰色洗石子铺地

树池A1—1剖面图

50厚的杉木板踏步
黄色洗石子铺地

② 树池B平面图

黄色洗石子铺地
50厚的杉木板

树池B立面图

间草砖铺地
黄色洗石子铺地
50厚的杉木板

树池2—2立面图

大树
耐阴草花
雨花石
彩色条砖60°均分6个

树池C平面图

雨花石
彩色条砖

树池C立面图

50厚的C15混凝土嵌粘雨花石 粒径30~50
彩色条砖
种植土
80厚的彩色间草砖铺地
40厚的1:2粗砂垫层
100厚的多渣层2:3:5
(水泥:煤渣:碎石)
素土夯实
C10混凝土垫层

Ⓐ 剖面图

图 2-21 坐凳树池构造做法(二)

(1)

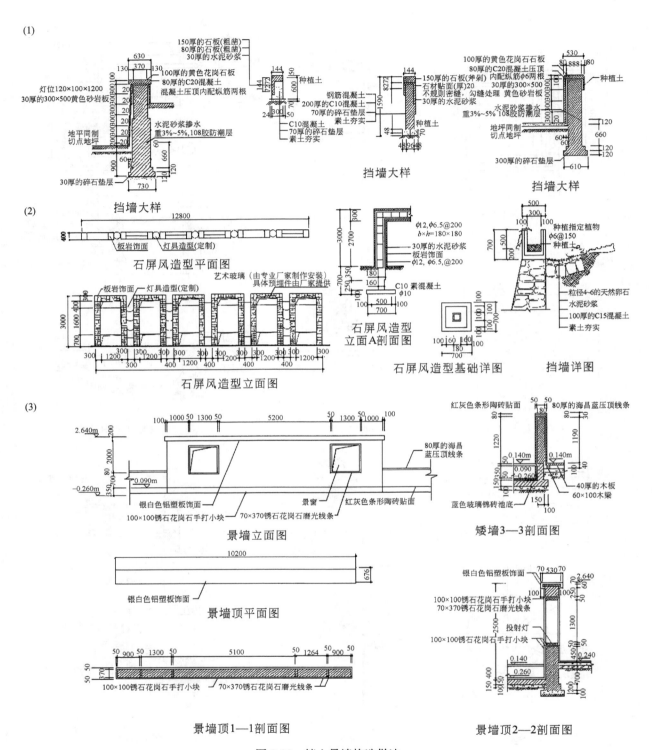

(2)

(3)

图 2-22　挡土景墙构造做法

42

(1)

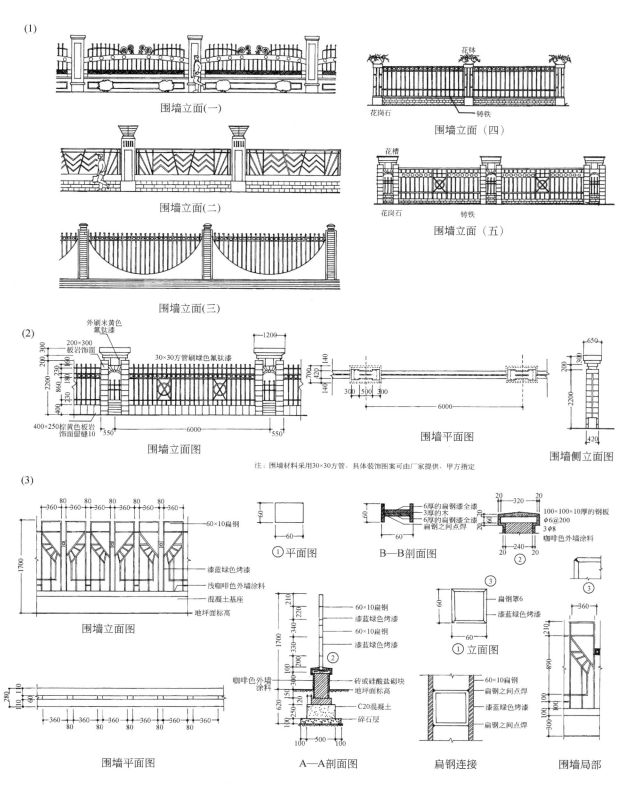

围墙立面(一)

围墙立面（四）

围墙立面(二)

围墙立面（五）

围墙立面(三)

(2)

围墙立面图

围墙平面图

围墙侧立面图

注：围墙材料采用30×30方管，具体装饰图案可由厂家提供，甲方指定

(3)

围墙立面图

①平面图

B—B剖面图

围墙平面图

A—A剖面图

①立面图

扁钢连接

围墙局部

图 2-23　围墙栏杆构造做法（一）

43

(4)

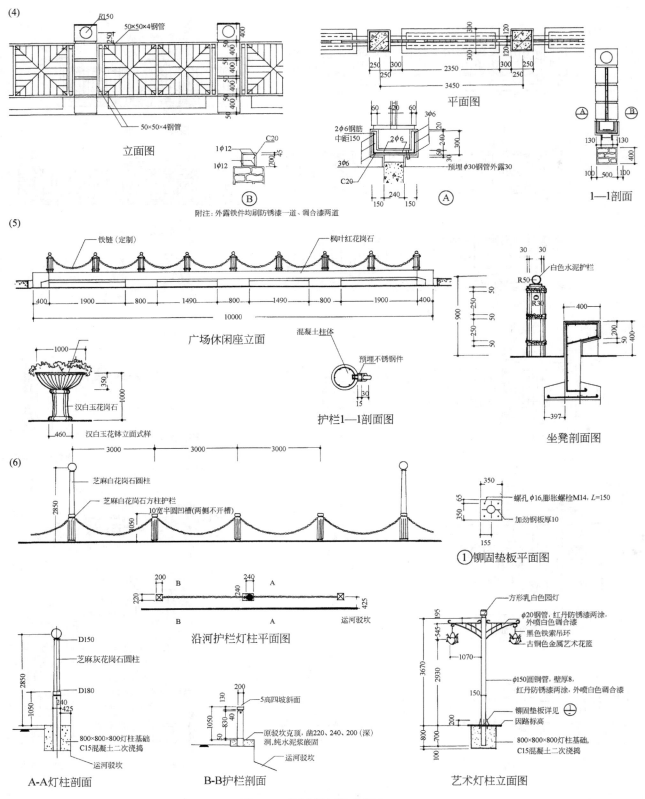

立面图

附注：外露铁件均刷防锈漆一道、调合漆两道

平面图

1—1剖面

(5)

广场休闲座立面

汉白玉花钵立面式样

护栏1—1剖面图

坐凳剖面图

(6)

①铆固垫板平面图

沿河护栏灯柱平面图

A-A灯柱剖面

B-B护栏剖面

艺术灯柱立面图

图 2-23　围墙栏杆构造做法（二）

(1)
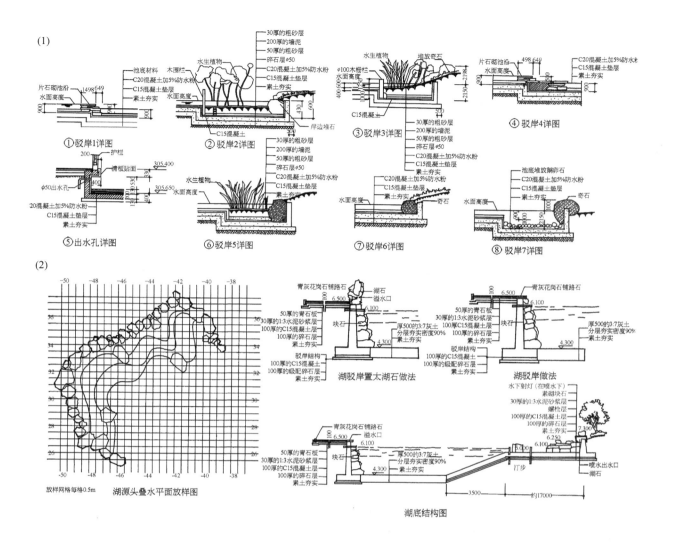

①驳岸1详图　②驳岸2详图　③驳岸3详图　④驳岸4详图
⑤出水孔详图　⑥驳岸5详图　⑦驳岸6详图　⑧驳岸7详图

(2)

湖源头叠水平面放样图　放样网格每格0.5m

湖驳岸置太湖石做法　湖驳岸做法

湖底结构图

(3)
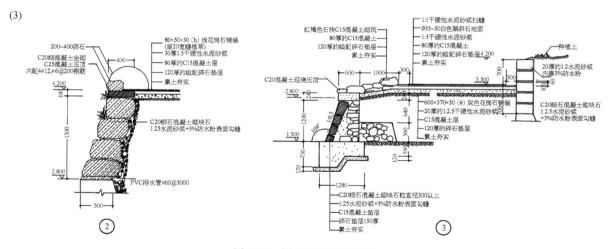

图 2-24　沿地坎坡构造做法

(1)

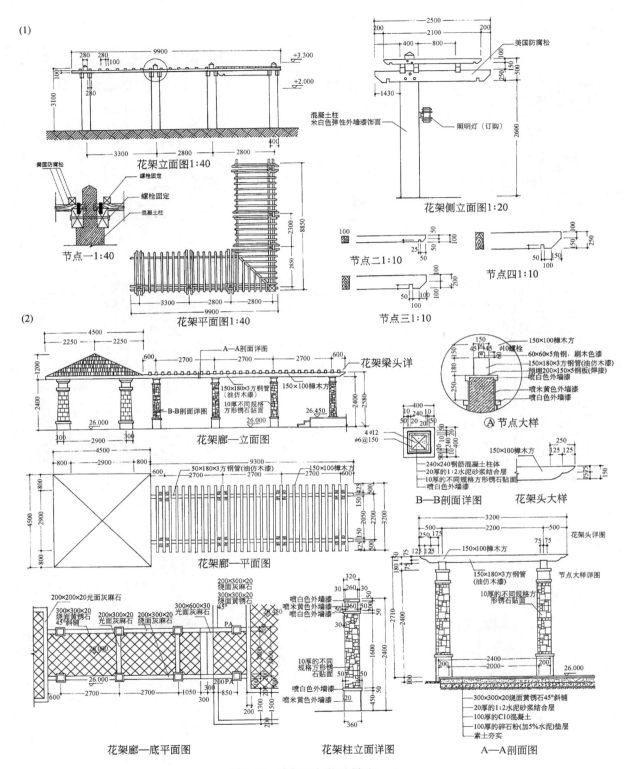

花架立面图1:40

花架侧立面图1:20

节点一1:40

花架平面图1:40

节点二1:10

节点三1:10

节点四1:10

(2)

花架廊—立面图

A节点大样

B—B剖面详图

花架头大样

花架廊—平面图

花架头详图

节点大样详图

花架廊—底平面图

花架柱立面详图

A—A剖面图

图2-25　廊架花架构造做法(一)

46

(3)

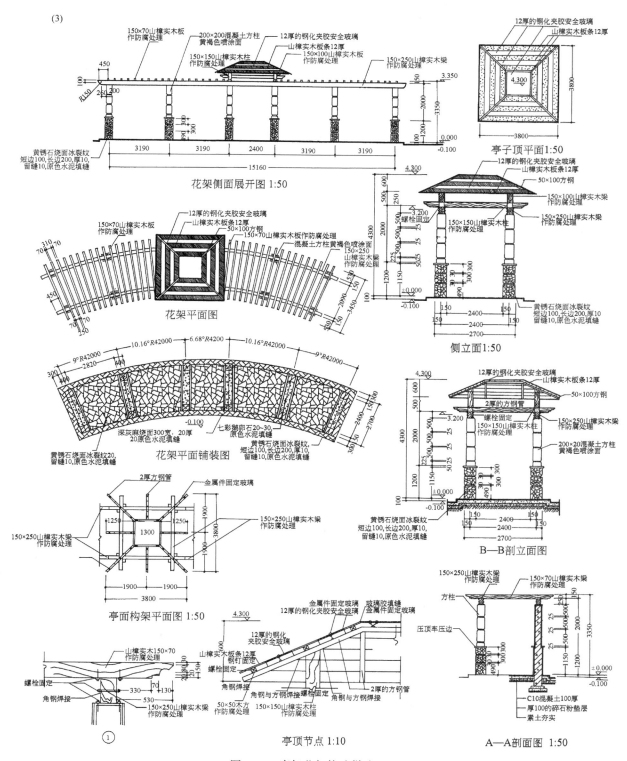

图 2-25 廊架花架构造做法(二)

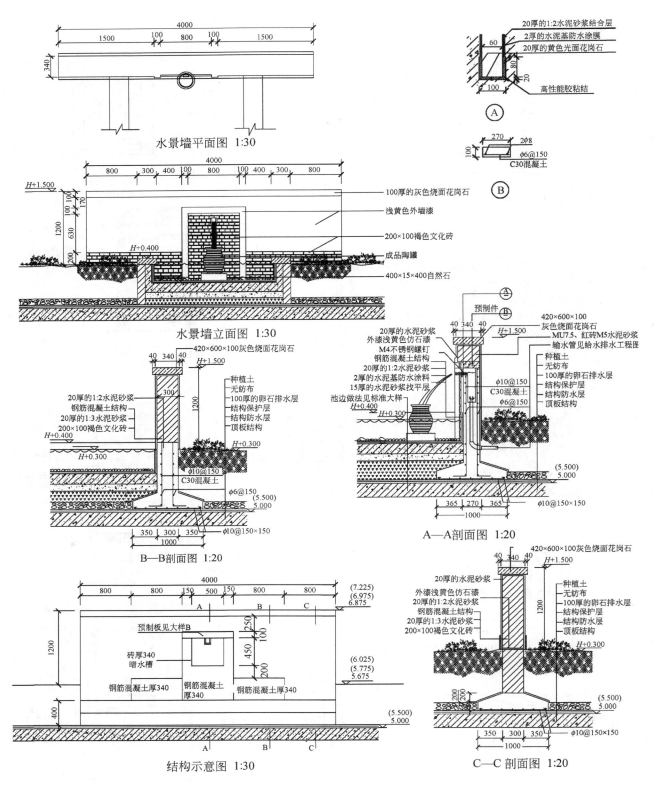

水景墙平面图 1:30

水景墙立面图 1:30

B—B剖面图 1:20

A—A剖面图 1:20

结构示意图 1:30

C—C剖面图 1:20

图 2-26　水景墙细部构造

48

第3章 施工图设计

3.1 施工图的概念和作用

毋庸置疑，环境艺术设计是一门多行业、多专业交叉的综合性学科，它不仅要具有一定的艺术含量，也同样具有无法回避的理性因素和技术要求。当今经济建设的平稳较快发展政策，特别是2008年奥运会、2010年上海世博会，以及国家对区域经济、城市化进程等一系列举措，都对行业带来了巨大契机。虽说受到了全球性金融危机的一定影响，但日趋激烈的社会竞争所引发的对施工技术的更新，以及业主综合素质的逐步提高，都对设计师提出了更高的专业要求。这也为设计师们提供了更为广阔的发展平台。原来那种由于竞争而存在的重效果图轻施工图的思想，对校对、审核、审定、会审、洽商、变更等过程的不重视、不规范，均对图纸质量造成了极大的影响。这对行业的发展肯定不利。

施工图作为施工的指导和依据，这就首先要求设计师要不断提高自身的业务水平，只有将设计方案合理化，才有可能使施工图规范化，并具有可操作性。因此，对施工图设计的综合考虑应在前期方案构思阶段就要得到真正落实。

3.1.1 施工图的概念

施工图的绘制是以材料构造体系和空间尺度体系作为其基础的，施工图是室内外设计施工的技术语言，是室内设计和景观的唯一的施工依据。如果说草图阶段以"构思"为主要内容，方案阶段以"表现"为主要内容，那么施工图阶段则以"标准"为主要内容。再好的构思，再美的表现，倘若离开施工图作为标准的控制，则可能使设计创意面目全非，只能流于纸上谈兵。可见，室内设计或景观设计方案若

要准确无误地实施出来，就主要依靠于施工图阶段的深化设计，因此可以说施工图绘制是一个二度创作的过程，称之为"施工图设计"一点也不为过。

3.1.2 施工图的作用

施工图对室内设计工程项目完成后的质量与效果负有相应的技术与法律责任，施工图设计文件在室内设计施工过程中起着主导作用。

（1）能据以编制施工组织计划及预算；

（2）能作为进行施工招标的依据；

（3）能据以安排材料、设备订货及非标准材料、构件的制作；

（4）能据以组织工程施工安装以及植物种植；

（5）能据以进行工程验收。

3.1.3 施工图设计的要点

1. 不同类型材料的使用特征

设计者要切实掌握材料的物理特性、规格尺寸、装饰美感及最佳艺术表现力。

2. 材料连接的构造特征

界面的艺术表现与材料构造的连接方式有必然的联系，应充分利用构造特征来表达预想的设计意图。

3. 环境系统设备与空间整体有机整合

环境系统设备部件如灯具样式、空调风口、散热器造型、管道走向等，使之成为空间环境整体的有机组成部分。

4. 界面与材料过渡处理方式

人的视觉注视焦点往往多集中在线形的交接点，因此空间界面转折与材料过渡的处理就成为表现空间细节的关键。

3.2 施工图文件的主要内容

无论是室内设计还是景观设计，其施

工图文件均应根据已获批准的初步设计方案进行编制，内容以图纸为主。其编排顺序依次为：封面；图纸目录；设计及施工说明；图纸（平、立、剖及节点详图）；工程预算书（不是施工图设计文件必须包括的内容，依合同是否约定为准）；材料样板及做法表、苗木表等。必要时还应附上相关专业（如电气、水等）的图纸。

3.2.1 封面

施工图文件封面应写明装饰工程项目名称、设计单位名称、设计阶段（施工图设计）、设计编号、编制日期等；封面上应盖设计单位设计专用章。

3.2.2 图纸目录

图纸目录是施工图纸的明细和索引，应排在施工图纸的最前面，一般不编入图纸序号内，其目的在于出图后增加或修改图纸时方便目录的续编。图纸目录应先列新绘图纸，后列选用的标准图或重复利用图。应写明序号、图纸名称、工程号、图号、备注等，并加盖设计单位设计专用章。注意目录上的图号、图纸名称应与相对应图纸的图号、图名一致；图号从"1"开始依次编排。

3.2.3 设计说明

（1）工程概况：应写明项目名称、项目地点、建设单位等；同时应写明设计面积、耐火等级、设计范围、设计构思等。

（2）施工图设计依据：设计所依据的国家及地方法规、政策、标准化设计及其他相关规定；应着重说明设计在遵循防火、生态环保等规范方面的情况；由主管部门批准的设计方案或施工图设计资料图（其中景观设计包括：总平面图、竖向设计、道路设计和室外地下管线综合图及相关建筑设计施工图、覆土深度等）。

（3）施工图设计说明：用语言文字的形式表达设计对材料、设备等的选择和对工程质量的要求，规定了材料、做法及安装质量要求。同时，对新材料、新工艺的采用应作相应说明。景观设计一般还应附上符合城市绿化工程施工及验收规范要求的种植设计说明（包括：种植土要求；种植场地平整要求；植物选择要求；植物种植要求；植物间距要求；屋顶种植的特殊要求等）。

施工图设计说明作为设计的明确要求，而成为竣工验收、预算、投标以及施工的重要依据。

3.2.4 图纸

室内设计包括具体的平面图、顶棚（包括吊顶）平面图、立面图、剖面图及节点详图等。

景观设计包括平面索引图、总平面图、定位放线图、分区图、竖向布置图、铺装设计图、植物配置图、做法详图、小品详图、灯具布置图、导视系统图、电气设计图、给水排水设计图等。

3.2.5 主要材料做法表及材料样板

材料做法表应包含本设计各部位的主要装饰用料及构造做法，以文字逐层叙述的方法为主或引用标准图的做法与编号，也可用表格的形式表达。材料做法表一般应放在设计说明之后。而材料样板则是通过具体真实材料制作的一项可依据的设计文件。它易使人感受到预定的真实效果，同时也作为工程验收的法律依据之一。

3.2.6 施工图设计文件签署

所有施工图设计文件的签字栏里都应完整地签署设计负责人、设计人、制图人、校对人、审核人等姓名；若有其他相关专业配合完成的设计文件，应由各专业人员进行会签。

一套完整的施工图纸一般包括三个层面的内容：

（1）界面材料与设备定位；

（2）界面层次与材料构造；

（3）细部尺度与图案样式。

界面材料与设备位置在施工图里主要表现在室内设计的平面图、顶棚平面图及立面图中。与方案图不同的是，施工图里的平、立面图主要表现其地面、墙面、顶棚的构造样式、材料分界与搭配组合，标注灯具、供暖通风、给水排水、消防烟感喷淋、电信网络、音响设备等各类端口位置。

常用的室内设计施工图中，平、立面图比例一般为 1：100、1：50，重点界面也可放大到 1：10、1：20 或 1：30。

而景观设计由于空间尺度较大，施工图的总平面图，其比例一般为 1：2000～1：300。

应该强调的是，对于一些规模较小或设计要求较为简单的室内或景观工程，施工图文件的编制可依据本规定作相应的简化和调整。

3.3 室内设计施工图基本内容

3.3.1 平面图

平面图是室内设计施工图中最基本、最主要的图纸，其他图纸则是以它为依据派生和深化而成。因此，平面图也是其他相关专业（结构、水暖、消防、照明、空调等）进行分项设计与制图的重要依据，其技术要求也主要在平面图中表示。

室内设计施工图中的平面图概括起来包括以下几点：

（1）表明建筑的平面形状和尺寸。有的施工平面图为了与建筑图相对应，而标注建筑的轴线尺寸及编号。这种情况一般出现在具有许多房间的较为综合性建筑的室内设计施工平面图中，目的是为了对不同房间以更准确的平面定位，不至于在施工过程中因房间众多而增加查找上的麻烦和混乱。

（2）标明装修构造形式在建筑内的平面位置以及与建筑结构的相互尺寸关系。标明装饰构造的具体形状及尺寸，标明地面饰面材料及重要工艺做法。

（3）标明各立面图的视图投影关系和视图位置编号。

（4）标明各剖面图的剖切位置、详图等的位置及编号。

（5）标明各种房间的位置及功能。

（6）标明门、窗的位置及开启方向。

（7）注明平面图中地面高度变化形成的不同标高。

3.3.2 顶棚平面图

顶棚平面图更多的是体现于室内设计施工图中。顶棚平面图所表现的内容如下：

（1）表现吊顶装饰造型样式、尺寸及标高；

（2）说明顶棚所用材料及规格；

（3）标明灯具名称、规格、位置或间距；

（4）标明空调风口形式、位置，消防报警系统及音响系统的位置；

（5）标明吊顶剖面图的剖切位置和剖切编号。

3.3.3 立面图

室内设计的立面图表示建筑内部空间各墙面以及各种固定装修设置的相关尺寸、相关位置。通常表现建筑内部墙面的立面图都是剖面图，即建筑竖向剖切平面的正立面投影图，因此也常把立面图称之为剖立面图。剖切面的位置应在平面图上标出。

立面图的基本内容及识图要点：

（1）在立面图上一般采用相对标高，即以室内地面作为正负零，并以此为基准点来标明地台、踏步、吊顶的标高。

（2）表明装饰吊顶的高度尺寸及相互关系尺寸。

（3）表明墙面造型的式样，文字说明材料用法及工艺要求。但要搞清楚立面上可能存在许多装饰层次，要注意它们之间的关系、收口方式、工艺原理和所用材料。这些收口方法的详图，可通过剖面图或节点详图进行反映。

（4）表明墙面所用设备（如空调风口）的定位尺寸、规格尺寸。

（5）表明门、窗、装饰隔断等的定位尺寸和简单装饰样式（应另出详图）。

（6）搞清楚建筑结构与装饰构造的连接方式、衔接方法、相关尺寸。

（7）要注意设备的安装位置，开关、插座等的数量和安装定位，符合规范要求。

（8）各立面绘制时，尤其要注意的是它们之间的相互关系，不应孤立地关注单个立面的装饰效果，而应注重空间视觉整体。

3.3.4 剖面图及节点详图

剖面图是将装饰面整个竖向剖切或局部剖切，以表达其内部构造的视图。

界面层次与材料构造在施工图里主要表现在剖面图中，这是施工图的主要部分，严格的剖面图绘制应详细表现不同材料和材料与界面连接的构造关系。由于现代装饰材料的发展，不少材料都有着自己的标准的安装方式，因此如今的剖面图绘制重点侧重于剖面线的尺度推敲与不同材料衔接的方式，而不是关注过于常规的、具体的施工做法。

1. 剖面图的表达内容

（1）用细实线和图例画出所剖到的原建筑实体切面（如墙体、梁、板、地面或屋面等）以及标注必要的相关尺寸和标高；

（2）用粗实线绘出剖切部位的装修界面轮廓线，以及标注必要的相关尺寸和材料。

2. 剖面图绘制的要求

（1）剖视位置宜选择在层高不同、空间比较复杂或具有代表性的部位；

（2）剖面图中应注明材料名称、节点构造及详图的索引符号；

（3）主体剖切符号一般应绘在底层平面图内；

（4）标高系指装修完成面或吊顶底面标高（单位为米）；

（5）内部高度尺寸，主要标注吊顶下净高尺寸及细部尺寸。

3. 节点详图

节点详图是整套施工图中不可或缺的重要部分，是施工过程中准确地完成设计意图的依据之一。节点详图是将两个或多个装饰面的交接点，按水平或垂直方向剖切，并以放大的形式绘制的视图。

（1）平、立、剖面图中尚未能表示清楚的一些特殊的局部构造、材料做法及主要造型处理应专门绘制节点详图；

（2）用标准图、通用图时要注意所选用的图集是否符合规范，所选用的做法、节点构造是否过时、淘汰。大量选用标准图集也有可能使设计缺乏创造性和创新意识，这点应引起注意。

细部尺度与图案样式在施工图里主要表现在细部节点、大样等详图中。细部节点是剖面图的具体详解，细部尺度多为不同界面转折和不同材料衔接过渡的构造表现。

常用的施工图细部节点其比例一般为1：1、1：2、1：5或1：10。在图面条件许可的情况下或构造具体尺度不太大的条件下，应尽可能采用大比例。

因此，细部节点的尺寸标注是施工图设计中不可缺少的重要内容。

图案样式多为平、立面图中特定装饰图案的施工放样表现，自由曲线多的图案需要加注坐标网格。图案样式的施工放样图可根据实际情况决定相应的尺度比例。

3.4 景观设计施工图基本内容

3.4.1 总平面图

在景观设计中，总平面图起着举足轻重的作用，其比例一般采用1：300、1：500、1：1000、1：2000。总平面图应包括以下内容：

（1）指北针或风玫瑰图；

（2）设计坐标网及其与城市坐标网的换算关系；

（3）单体项目的名称、定位及设计标高；

（4）用等高线和标高表示设计环境地形；

（5）保留的建筑物、构筑物或植被的定位与区域；

（6）各级园路及主要控制标高；

（7）水体的定位和主要控制标高；

（8）绿植的种植区域设计定位；

（9）坡道、桥梁的基本定位；

（10）广场、围墙、驳岸等硬质景观的定位。

总图应体现出准确的定位尺寸、控制尺寸、控制标高。

3.4.2 平面图

此平面图主要指各区域、各层面较为

具体的单项平面，一般包括：平面索引图、定位放线图、竖向布置图、分区图、铺装设计图、植物配置图、照明布置图、园路布置图、导视系统布置图等。

可见，各类平面图都是景观设计施工图中的平面图在不同层面的表现，大到总平面图，中到分区图、水体、铺装图，小到设施、小品的平面图。

一般在平面图中应标注主要尺寸、材料、色彩、剖切位置、详图索引等。

3.4.3 立面图

立面图或展开立面应反映出空间环境或单项设施、水体等造型的外轮廓及细部，注明高度尺寸及标高，以及材料、色彩、剖切位置、详图索引等。为了表现得更为具体，有时可以将立面各部位进行单独局部放大。

3.4.4 剖面图

剖面图（断面图）具体反映的是景观空间环境整体、局部或单体的竖向构造关系，在重点部位、高差变化复杂地段增加剖面图，其比例应根据空间尺度的大小进行变化。

对于景观设施或小品，剖面图应体现出轴线及编号，各部位高度和标高，以及尺寸、材料、色彩、剖切位置、详图索引等。

而对于水体，如溪流，剖面图应反映出溪流坡向、坡度、底、壁等关系，注明主要标高、尺寸、材料、详图索引等。

对于跌水、瀑布，其剖面图应体现跌水高度、级差、界面构造及尺寸、材料及做法、详图索引等。

而对于旱喷泉，其剖面图应反映出铺装材料、地下设施构造做法、主要尺寸及详图索引等。

3.4.5 节点大样图

同室内设计施工图一样，景观设计施工图也需要进行细部交待，通过节点大样图体现出景观局部或单体具体的构造做法或详细图案，这是体现景观设计细部特征和魅力的重要环节。也有不少景观设计的节点常引用标准图作为细部处理。

当然，与之配套的相关专业还需要：结构设计图、给水排水设计图、电气设计图等。

3.5 施工图设计的能力培养

3.5.1 三维空间与二维图纸互为转化的能力培养

方案阶段完成后，画施工图时，不知如何在二维图纸上表达、贯彻、深入设计意图，图纸完成后对其实施的可行性心里没底，不知画的图是否能用，尤其对节点详图更是感到神秘、恐惧。这些情况在初学阶段都是在所难免的。

我们在学习施工图设计时，可能会遇到的最大问题，一是对施工的构造及施工工艺了解不多，对一些节点画法不知从何处下笔，缺乏自信心；还有一点，就是对三维空间与二维图纸表达的相互转化能力，更是有待提高。这两点是室内设计和景观设计专业学习必须迈过的一道门槛，否则，施工图设计及绘制就很难落实到实处。

施工图中的平面图、立面图、剖面图、节点甚至透视图等，都是以二维图纸方式来表现三维空间形象，但是作为设计人员，必须始终保持空间思维状态和思维的时空概念。也就是说，你在画平面图、立面图、剖面图或节点大样的过程中，头脑里要不停地想象到二维图纸可能产生的实际空间形象和尺度概念。当然，在学习的初始阶段，对三维空间形象的形成不一定马上建立，这既需要理性知识，也需要用心去感悟，同时还需要那么一点点灵气。

对平面图的空间想象，主要是基于人处于交通流线各点与功能分区不同位置时的视觉感受。实际上是用平面视线分析的方法来确立正确的空间实体要素定位。实体要素包括围合空间的界面、构件、设备、家具、植物等内容。要考虑人的活动必经的主要交通转换点及功能分区中的主要停留点在不同视域方向的空间形象，确立平面的虚实布局。这种经过空间形象视线分析的平面布局显然具有其可行性和科学性，同时也能够达到空间表现的艺术性。

我们在画施工图的过程中，一定要认识到室内空间或景观环境时空连续的形象观感特征，万万不可孤立地、片面地审视某一界面。要培养成把各个界面串成一个完整的、清晰的、有机的空间形象的思维能力。

3.5.2　图纸表达能力的提高

我们学习构造与施工图设计知识，目的是对室内设计和景观设计进行更深层次的了解和掌握，构造细部对室内空间和景观环境的整体起着相当重要的作用。但是学习这些知识的最终体现是靠图纸，通过图纸表达其构造处理。毕竟我们是以设计作为自己的专业方向，不会图纸表达或表达不清又有何用？

图纸表达，主要是细部构造表达，这是一项相对严谨、理性的工作，需要我们认真对待。细部构造表达，重点体现于细部界面的具体比例关系和交接处理，即节点、大样。掌握了它们的图纸表达方法，对今后的施工图绘制会带来极大的便利。

节点、大样的图纸表达，除应掌握制图知识外，还应重点关注其材料剖切图示画法、尺寸关系、材料文字注明以及图面的比例等。有的图面比例过小，根本无法表达清楚其构造做法，失去了它存在的意义。这些均应该引起我们高度重视。

3.5.3　信息资料的筛选掌控能力

我们知道，当今世界已处在知识大爆炸的信息时代，我们所处的生存环境也都被称作为地球村。之所以有如此说法，正是因为科技发展突飞猛进，各种相关信息与资料铺天盖地，时刻充斥着我们的生存空间。这个时候，我们的头脑应保持高度的清醒，对于庞杂的信息应有相对理性的判断和梳理，不见得任何信息资料都是有价值的，如果把握不好，有的情况下可能还会起到负面作用。

因此，作为一名专业设计师，应准确和善于发现信息，捕捉有学习价值的专业资料并为自己所用。这也已经成为一个合格的设计师所应该必备的专业能力。而选取与善用则建立在永无止境信息积累的基础之上，首先要有大量的素材积累和搜集，才可能谈得上有所取舍。面对平时日常生活中司空见惯的"客观存在"，如果从专业的角度来审视，或许会有不少为我所用的信息，不应视若无睹。处处留心皆学问，此话不虚。

3.6　室内设计施工图实例

见附图。

3.7　景观设计施工图实例

见附图。

乐器店室内装修工程

施工图

此图纸严格限制在本建设项目的乐器店室内装修工程及后续主设备选图内使用，加盖审图专用章有效。钢结构、基础结构工程设计优用无效。方案设计阶段及扩初阶段图纸不得用于施工。

日期　工程号

合作单位盖章

项目总负责人　设计总负责人

设计单位盖章

乐器店室内装修工程施工图图纸目录

图号	图名	图幅	出图日期	图号	图名	图幅	出图日期
DIS-01	图纸封面	A2	2009/03				
DIS-02	图纸目录	A2	2009/03				
DIS-03	设计说明	A2	2009/03				
DIS-04	防火专篇/环保专篇/电气符号说明	A2	2009/03				
PL-07	乐器店平面布置图	A2	2009/03				
PL-08	乐器店天花平面图	A2	2009/03				
PL-09	乐器店地面材料图	A2	2009/03				
PL-10	乐器店建筑资料图	A2	2009/03				
PL-11	乐器店机电点位图	A2	2009/03				
PL-12	乐器店开关控制图	A2	2009/03				
EL-05	乐器店立面图	A2	2009/03				
EL-06	乐器店立面图	A2	2009/03				
EL-07	乐器店立面图	A2	2009/03				
EL-08	乐器店立面图	A2	2009/03				
EL-09	乐器店立面图	A2	2009/03				
DT-01	节点详图	A2	2009/03				
DT-02	节点详图	A2	2009/03				
DT-03	节点详图	A2	2009/03				
DT-03	节点详图	A2	2009/03				
DT-03	节点详图	A2	2009/03				
DT-16	节点详图	A2	2009/03				
DT-17	节点详图	A2	2009/03				
DT-18	节点详图	A2	2009/03				
DR-01	门表	A2	2009/03				
DR-02	门表	A2	2009/03				

工程名称：乐器店室内装修工程

图名：图纸目录

设计单位 职务 姓名 签字
业务主持
项目负责
设计主持
设计
制图
校对
审核
审定

工号
日期
图号　DIS-02
阶段：施工图
比例

设计说明

一、设计依据

- 经业主批准的建筑设计施工图及业主向设计师传达的设计意向
- 《建筑装饰装修工程质量验收标准》(GB 50210—2001)
- 《建筑地面工程施工质量验收规范》(GB 50209—2010)
- 《民用建筑工程室内环境污染控制规范》(GB 50325—2010)
- 《建筑电气工程施工质量验收规范》(GB 50303—2002)
- 《高层民用建筑设计防火规范》(GB 50045—1995)(2005年版)
- 《建筑工程质量验收统一标准》(GB 50300—2001)
- 《建筑设计防火规范》(GB 50016—2006)
- 《建筑给水、排水及采暖工程施工质量验收规范》(GB 50242—2002)
- 《通风与空调工程施工质量验收规范》(GB 50243—2002)
- 《建筑材料放射性核素限量》(GB 6566—2010)
- 《室内装饰装修材料 胶粘剂中有害物质限量》(GB 18583—2008)
- 《室内装饰装修材料 木家具中有害物质限量》(GB 18584—2001)

其他未列规范，均按国家现行法规及标准执行
当规范和验收标准、招标文件、施工图、设备说明书等技术文件有矛盾时，应该执行较高标准。
制图标准：
《房屋建筑制图统一标准》(GB/T 50001—2010)
《总图制图标准》(GB/T 50103—2010)
《建筑制图标准》(GB/T 50104—2010)

二、标注单位及尺寸

- 本施工图所注尺寸除标高以米为单位外，其余均以毫米计。
- 施工图中所表示的各部分内容，应以图纸所标注尺寸为准，避免在图纸上按比例测量，如有出入及时与设计师联系解决。
- 如与本施工图平面布置有较大出入之处应及时与设计师联系解决。

三、设计要求及相应规范

- 有关土建拆改部分与配合：均与业主配合，冷商与校核。
- 装饰材料的选用符合现行国家有关标准。根据消防部门关于建筑室内装修设计的防火规定、选材严格，采用阻燃性良好的装饰材料，装饰木结构隐蔽部分刷防火涂料，做法工序应执行相关规范。
- 室内施工设计方案报当地公安消防机关，审批认可后再施工。
- 空调、消防报警、喷淋、排气、照明、弱电等位置设计均以专业设计为准，配合附件图仅供参考。图纸吊顶标高为设计完成实际高度。
- 各专业隐蔽标高高于吊顶标高50mm以上。

四、施工做法与选材要求

- 本工程做法除图纸具体要求的面层外，对构造层未作具体要求时，严格遵守国家现行的《建筑高级装饰工程质量评定标准》的有关要求。
- 内装轻钢龙骨石膏板吊顶，其中石膏板为12mm厚的纸面石膏板，配装轻钢龙骨石膏板做法参见北京龙牌生产厂与设计院合编的《龙牌轻钢龙骨吊顶图集》和《龙牌轻钢龙骨隔墙图集》。
- 本工程油漆除特殊注明外，均为硝基清漆。
- 乳胶漆饰面采用环保型乳胶漆。
- 所有主材均采用的色彩、纹理选用均需经甲方确认。
- 电气灯位开关，关插座以"平面图"、"天花平面图"，"立面灯具位置图"为准；电话出线口、共用天线、地脚灯、单向两插、三极暗插座距地0.3m，合理布线并以电气专业图为准。电气板、钥匙开关板距地1.35m。
- 灯具造型由甲方设计方分头确认。
- 该项工程中疏散应急灯与疏散标志、疏散通道、安全出口的设计及防火材料的应用，由消防专业设计。出口的设计及防火材料的应用，本工程设计充分考虑灯防火分区。

■设计单位

■建设单位

■工程名称　乐器店 室内装修工程

■图纸名称　设计说明

职 责	姓 名	签 字
项目负责		
设计主持		
设 计		
制 图		
校 对		
审 定		

工程编号				图号	DIS-03
日 期		比例			

57

电气符号说明

符号	说明	符号	说明	符号	说明
○	筒灯	⊖	单头电插座	⊖⊕	空调开关
⊕	下照射灯	⊖WP	防水电插座	✓	照明开关
⊕	可调角度射灯	▼	电话接线插座	✓✓	照明开关
田	豆胆灯	◁	宽频网络插座	✓✓	照明开关
⊞	吸顶灯	⊖B	电视天线插座	✓✓	照明开关
⊕	小吊灯	⊖M	麦克风插座	▬AP	配电箱
⊕	大吊灯	⊟	供电接线盒	◤HR	消火栓
⊕⊕⊕	定制吊灯	●	单头电插座(地面)		
⊠	单管日光灯	⊗	电话接线插座(地面)		
⊖	顶排风扇	⊗	宽频网络插座(地面)		
⊡	侧排风扇	⊙	电视天线插座(地面)		
	抽油烟机		供电接线盒(地面)		
		✦	壁灯		
		✧	地灯		

防火专篇

一、设计依据
· 《建筑内部装修设计防火规范》(GB 50222—1995)

二、材料选用及施工工艺
· 墙纸、地毯均采用阻燃型。
· 墙面、地面、天花材料大面积采用难燃型材料，如石膏板、花岗石、高分子材料等。
· 木龙骨及木饰面料均刷防火涂料两遍。
· 电线均采用国标产品，并严格按施工规范施工。

三、消防设备的配置
· 建筑设置了消防通道，消防门均为成品防火门。
· 按消防要求设置紧急照明和安全指示灯。
· 消火栓、喷淋及烟感、报警系统均由专业消防设计单位设计。
· 电线均采用国标产品，并严格按施工规范施工。

环保专篇

夹板等采用环保型材料，装饰材料均采用环保型材料，并按以下标准执行：
· 《室内装饰装修材料 人造板及其制品中甲醛释放限量》(GB 18584—2001)
· 《室内装饰装修材料 溶剂型木器涂料中有害物质限量》(GB 18581—2009)
· 《室内装饰装修材料 胶粘剂中有害物质限量》(GB 18583—2008)
· 《室内装饰装修材料 壁纸中有害物质限量》(GB 18585—2001)
· 《建筑材料放射性核素限量》(GB 6566—2010)
· 《室内装饰装修材料 地毯、地毯衬垫及地毯胶粘剂中有害物质限量》(GB 18587—2001)
· 《室内装饰装修材料 内墙涂料中有害物质限量》(GB 18582—2008)

乐器店
室内装修工程

防火专篇/环保专篇/电气符号说明

图号 DIS-04

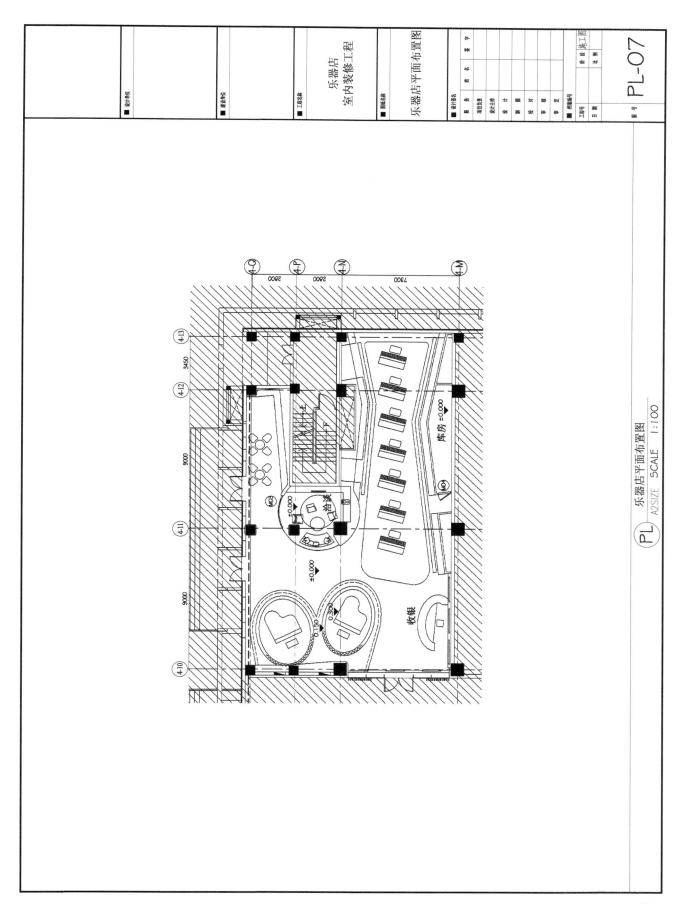

乐器店平面布置图

PL 乐器店平面布置图 A2SIZE SCALE 1:100

乐器店
室内装修工程

乐器店平面布置图

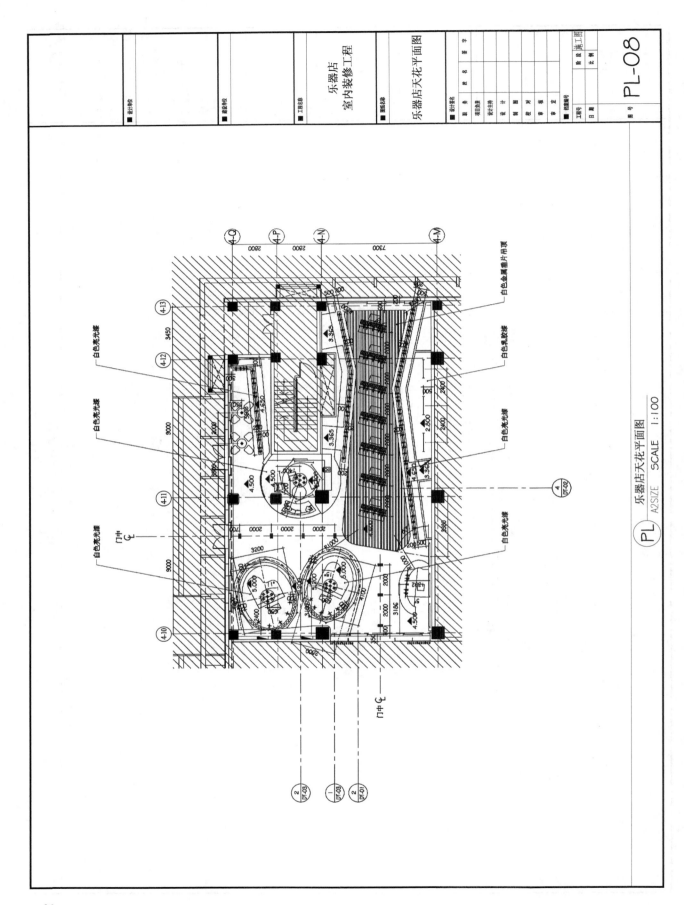

乐器店天花平面图

白色金属垂片吊顶

白色乳胶漆

白色亮光漆

白色亮光漆

白色亮光漆

白色亮光漆

白色亮光漆

白色亮光漆

PL 乐器店天花平面图 A2SIZE SCALE 1:100

60

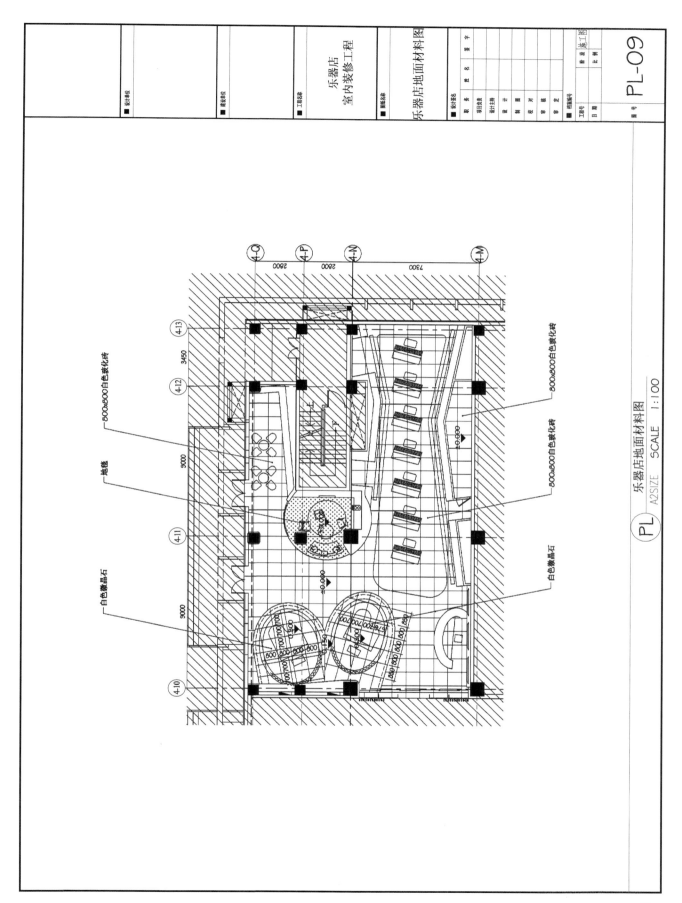

乐器店地面材料图

PL 乐器店地面材料图 SCALE 1:100
A2SIZE

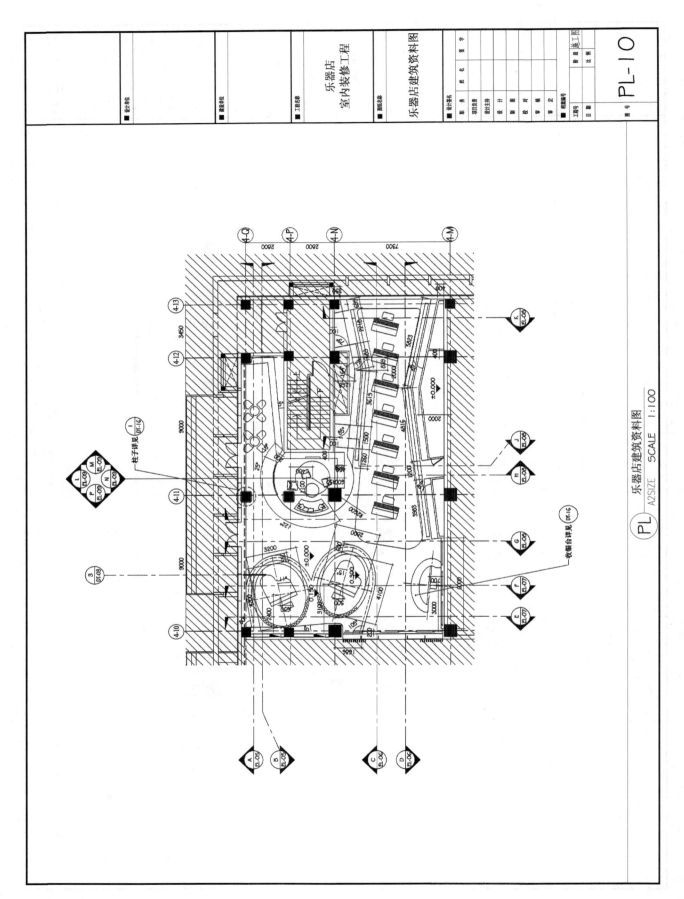

PL 乐器店建筑资料图 A2SIZE SCALE 1:100

乐器店建筑资料图

乐器店
室内装修工程

乐器店建筑资料图

PL-10

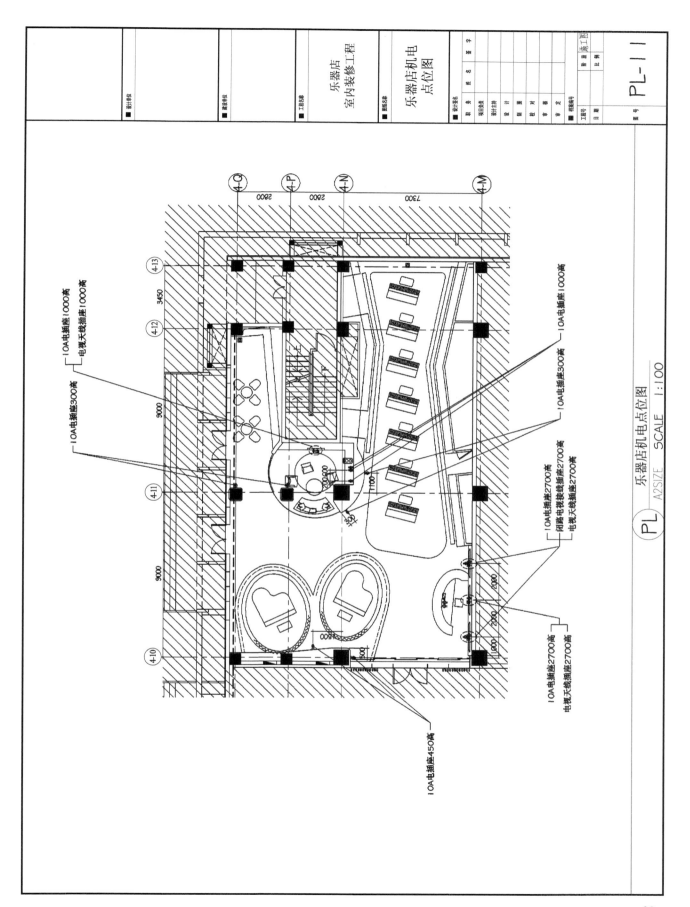

乐器店机电点位图 SCALE 1:100

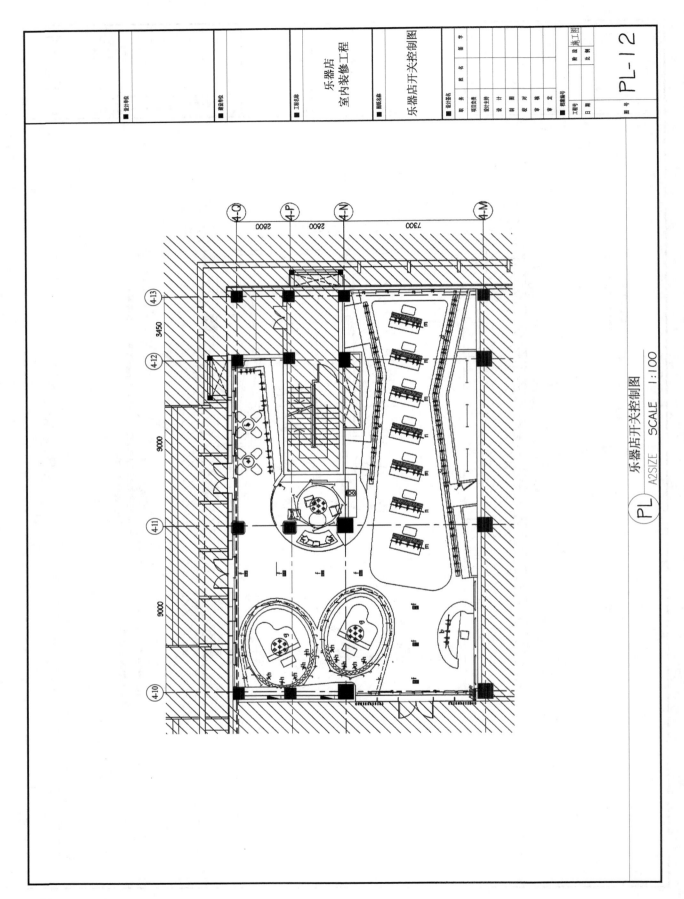

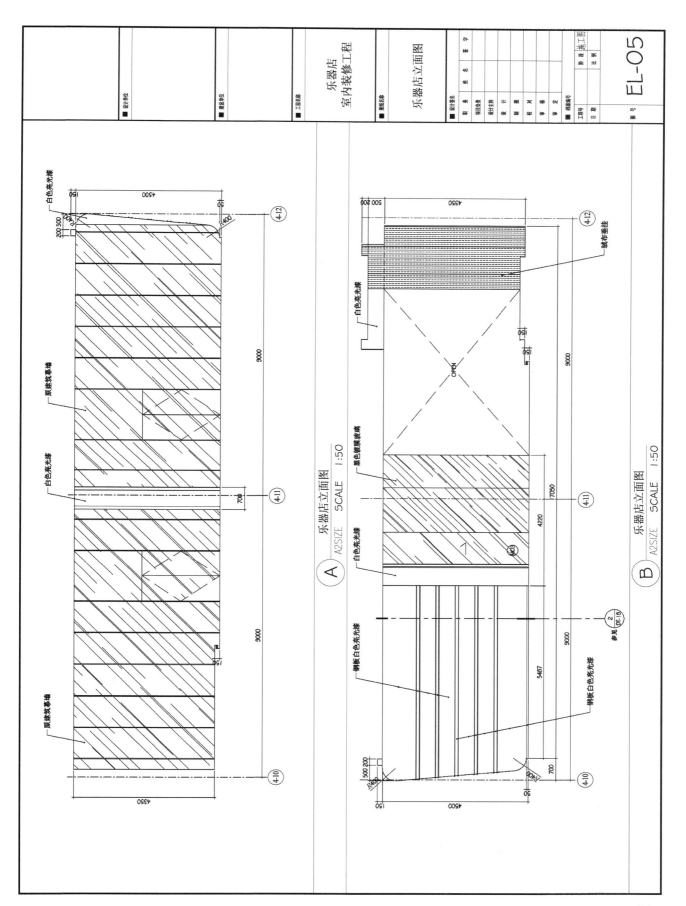

乐器店立面图   SCALE 1:50

乐器店立面图   SCALE 1:50

EL-05

65

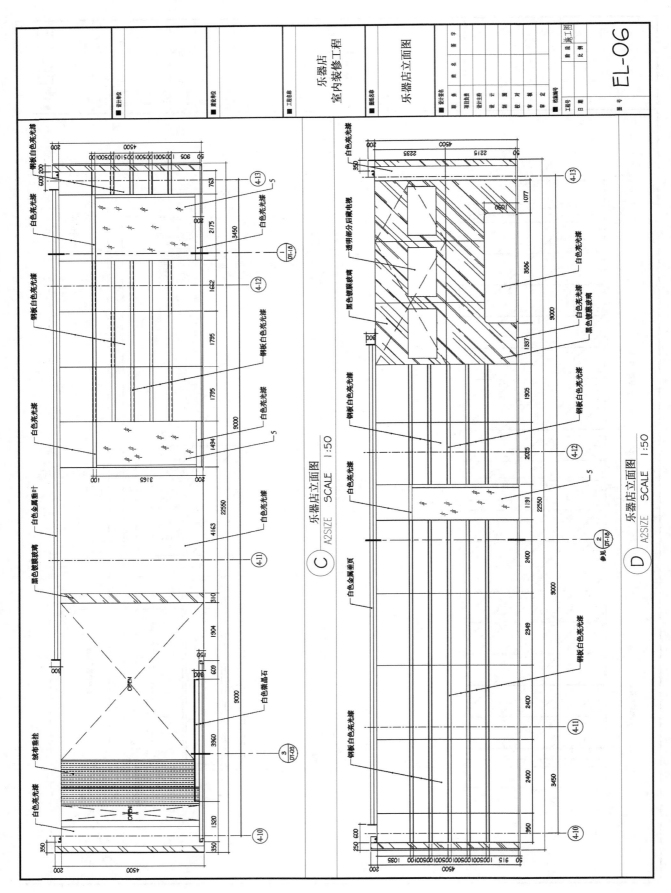

乐器店立面图 C A2SIZE SCALE 1:50

乐器店立面图 D A2SIZE SCALE 1:50

EL-06

66

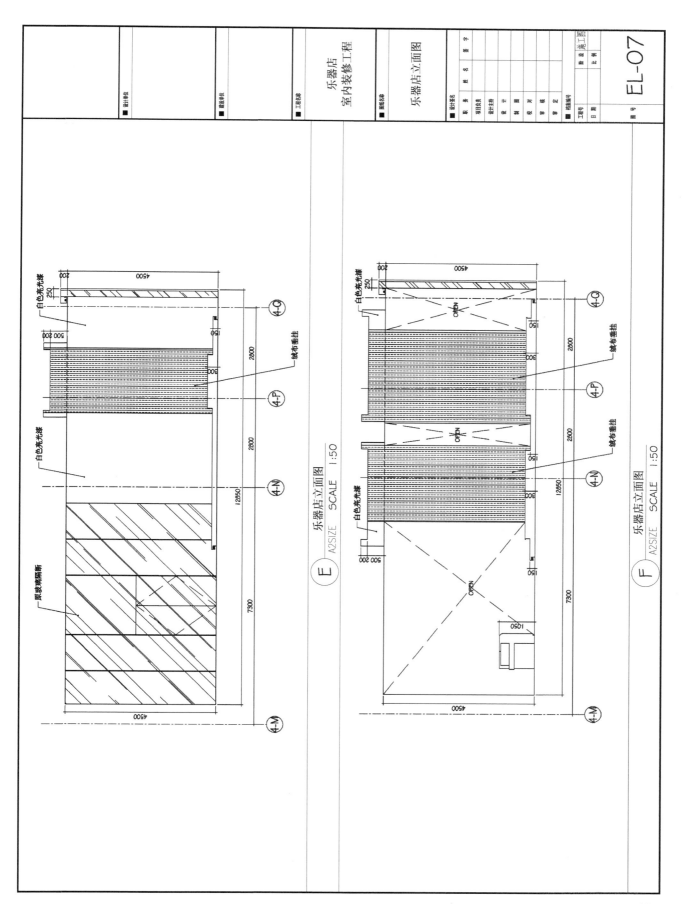

乐器店立面图 SCALE 1:50

E A2SIZE

乐器店立面图 SCALE 1:50

F A2SIZE

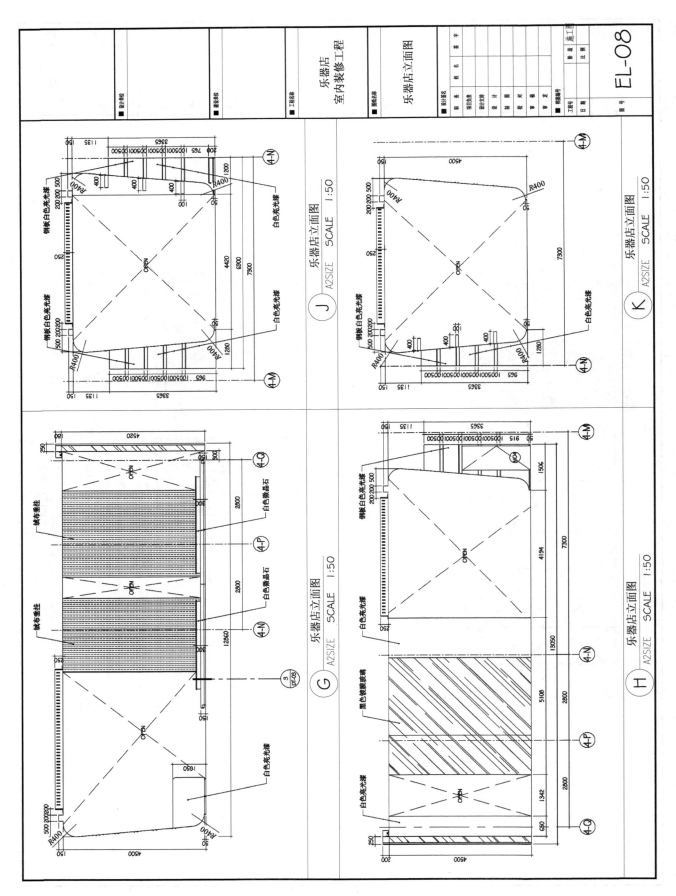

乐器店立面图 J A2SIZE SCALE 1:50

乐器店立面图 K A2SIZE SCALE 1:50

乐器店立面图 G A2SIZE SCALE 1:50

乐器店立面图 H A2SIZE SCALE 1:50

EL-08

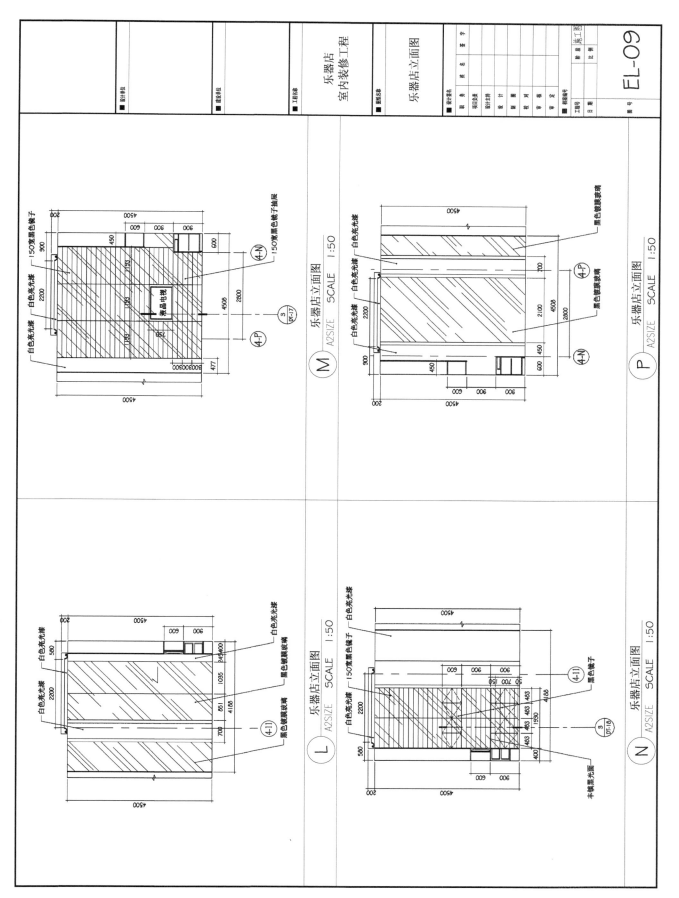

乐器店立面图 SCALE 1:50

乐器店立面图 SCALE 1:50

乐器店立面图 SCALE 1:50

乐器店立面图 SCALE 1:50

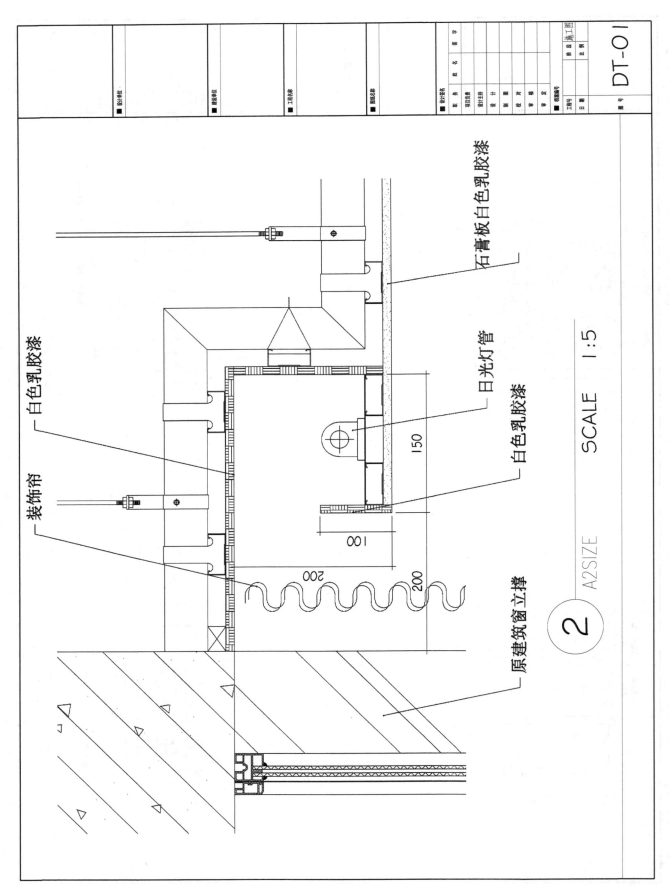

白色乳胶漆

装饰筋

白色乳胶漆

石膏板白色乳胶漆

日光灯管

白色乳胶漆

原建筑窗立撑

150

100

200

200

② A2SIZE SCALE 1:5

DT-01

70

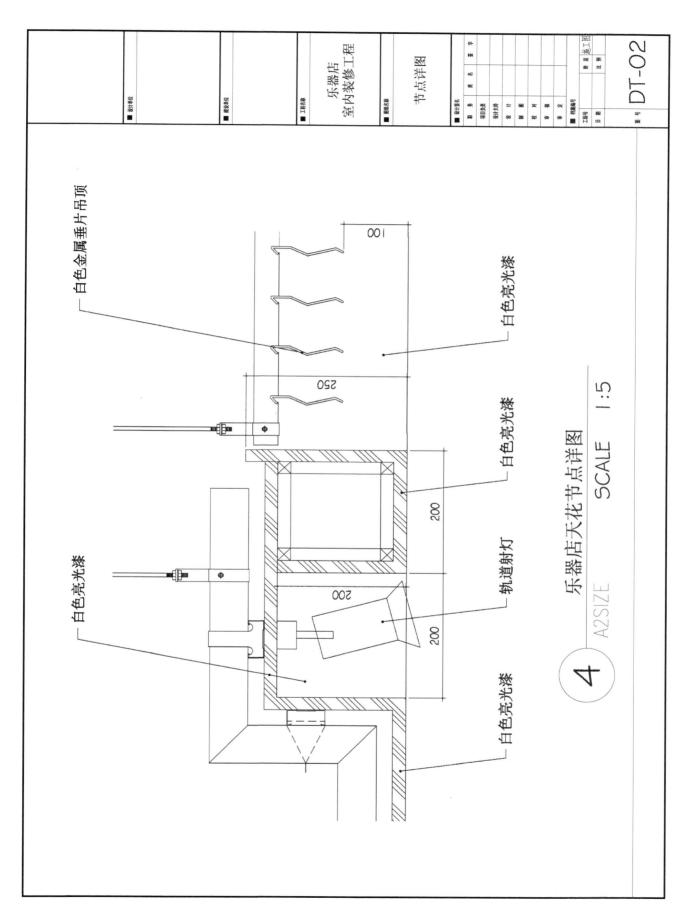

白色金属垂片吊顶

白色亮光漆

白色亮光漆

白色亮光漆

白色亮光漆

白色亮光漆

轨道射灯

100

250

200

200

200

④ 乐器店天花节点详图   SCALE 1:5

A2SIZE

■ 设计单位
■ 建设单位
■ 工程名称　乐器店　室内装修工程
■ 图纸名称　节点详图
设计签名
职　务
姓　名
签　字
项目负责
设计主持
设计　　　总
制　图
校　对
审　核
审　定
图　纸
编　号
工图号
日期
施工图
比例
图号　DT-02

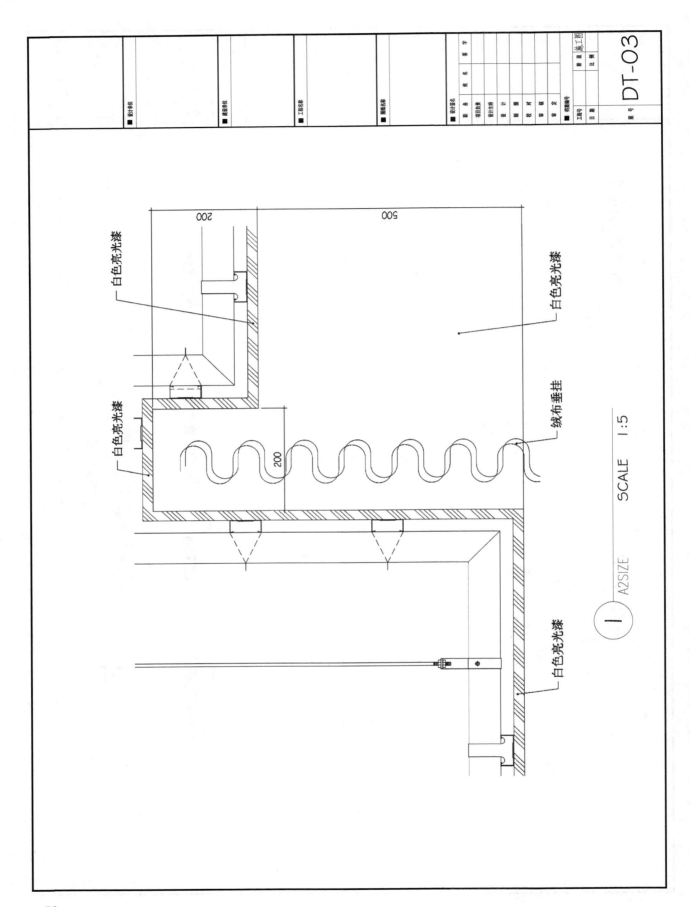

白色亮光漆

白色亮光漆

白色亮光漆

白色亮光漆

绒布垂挂

白色亮光漆

200

500

200

SCALE 1:5

A2SIZE

DT-03

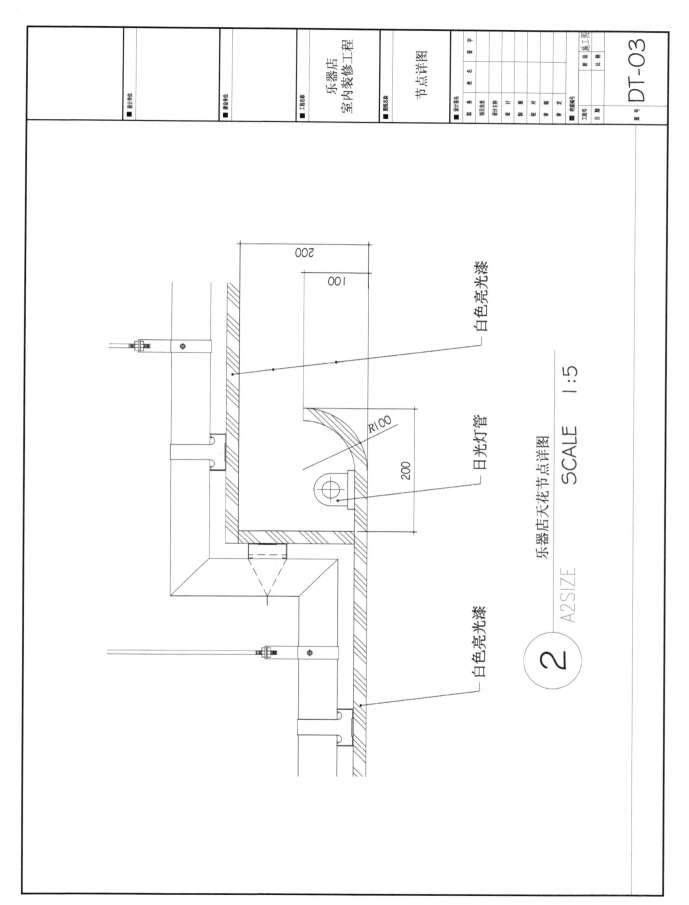

白色亮光漆

白色亮光漆

日光灯管

R100

200

200

100

乐器店天花节点详图　SCALE 1:5

②　A2SIZE

乐器店
室内装修工程

■ 工程名称

■ 建设单位

■ 设计单位

节点详图

■ 图纸名称

职务　姓名　签字

■ 设计签名

设计负责

设计主持

设 计

制 图

校 对

审 定

■ 记录编号

单位
比例

工程号

日期

图号　DT-03

73

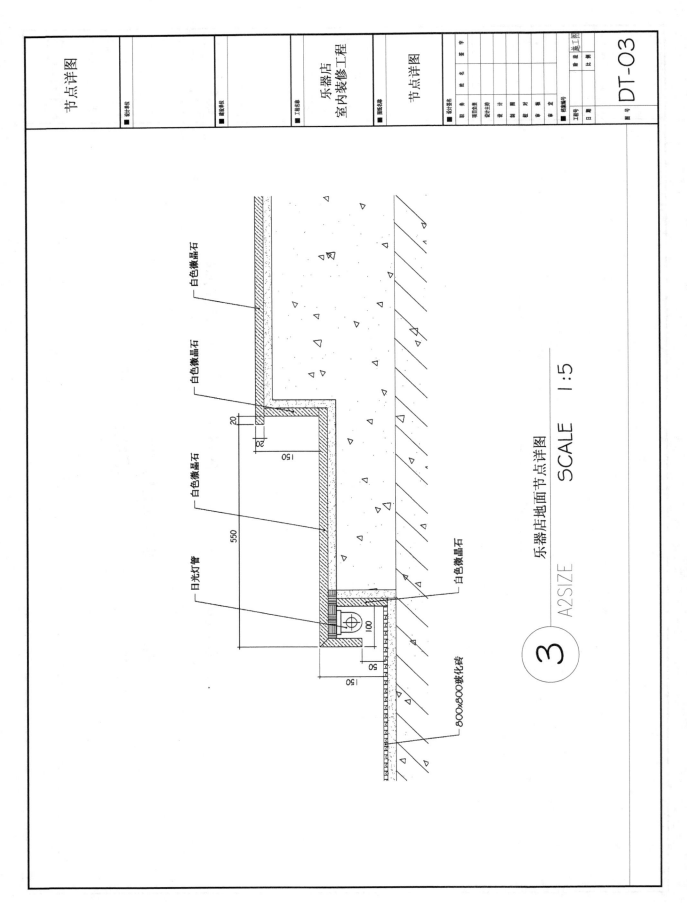

节点详图

乐器店
室内装修工程

节点详图

日光灯管

白色微晶石

白色微晶石

白色微晶石

白色微晶石

白色微晶石

800x800玻化砖

20

150

550

100

50

150

③ 乐器店地面节点详图
SCALE 1:5

A2SIZE

DT-03

74

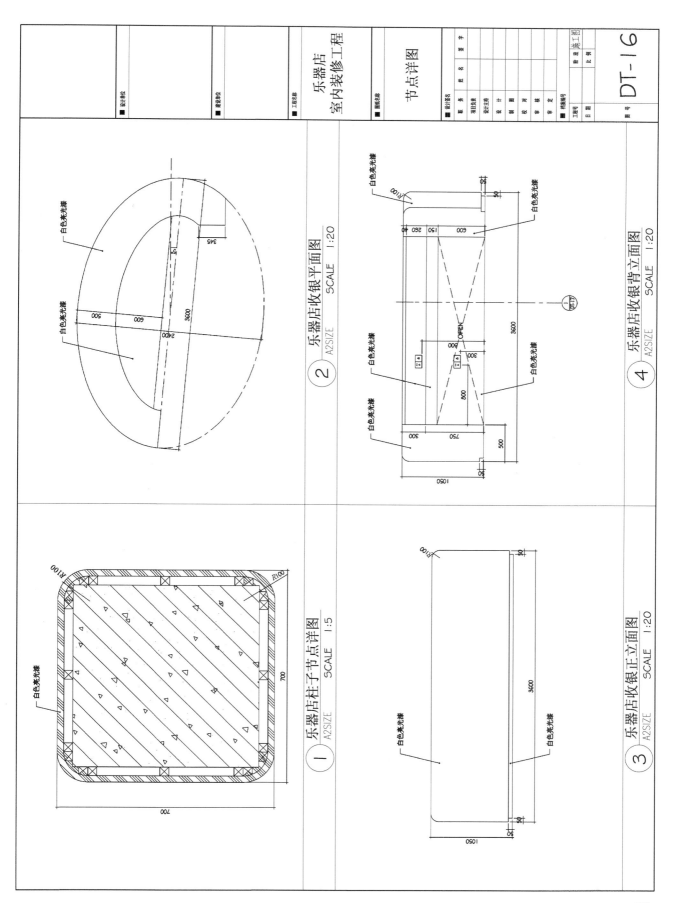

乐器店柱子节点详图　SCALE 1:5

① 乐器店柱子节点详图　A2SIZE　SCALE 1:5

② 乐器店收银平面图　A2SIZE　SCALE 1:20

③ 乐器店收银正立面图　A2SIZE　SCALE 1:20

④ 乐器店收银背立面图　A2SIZE　SCALE 1:20

白色亮光漆

OPEN

乐器店
室内装修工程

节点详图

DT-16

75

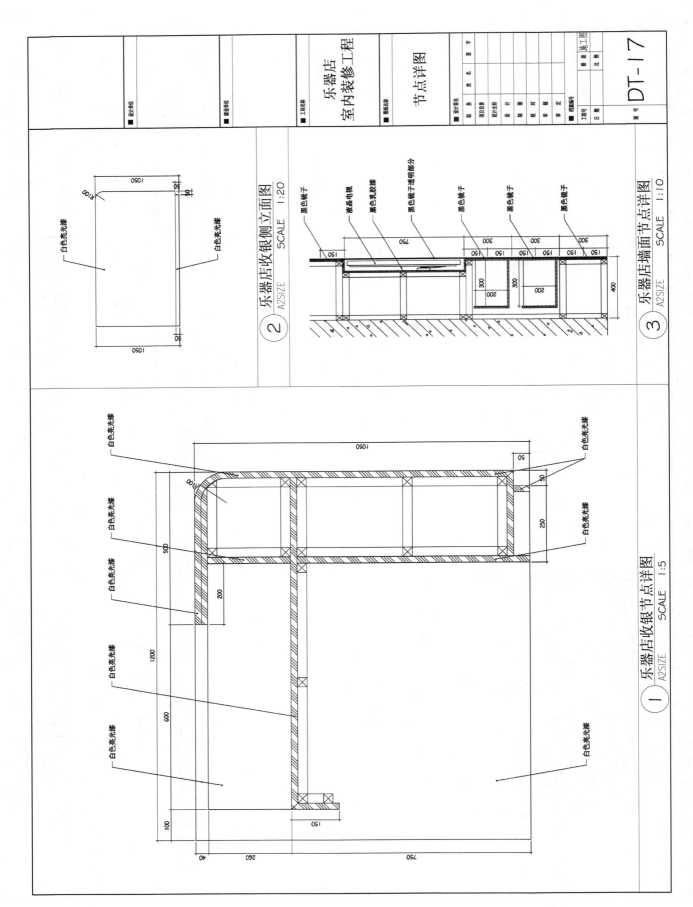

乐器店
室内装修工程

节点详图

图号 **DT-17**

② 乐器店收银侧立面图 SCALE 1:20 A2SIZE

③ 乐器店墙面节点详图 SCALE 1:10 A2SIZE

① 乐器店收银节点详图 SCALE 1:5 A2SIZE

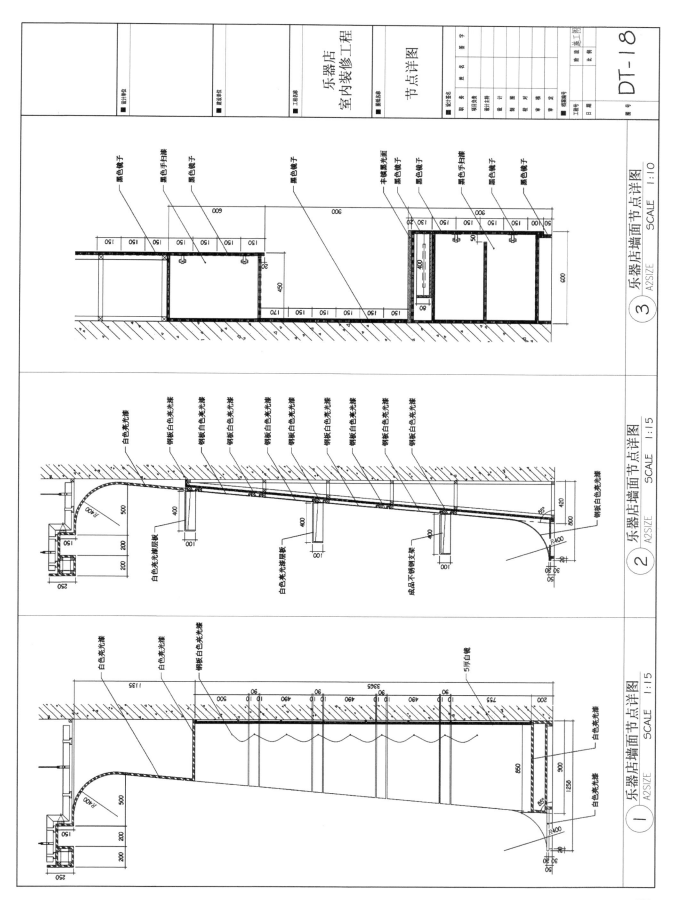

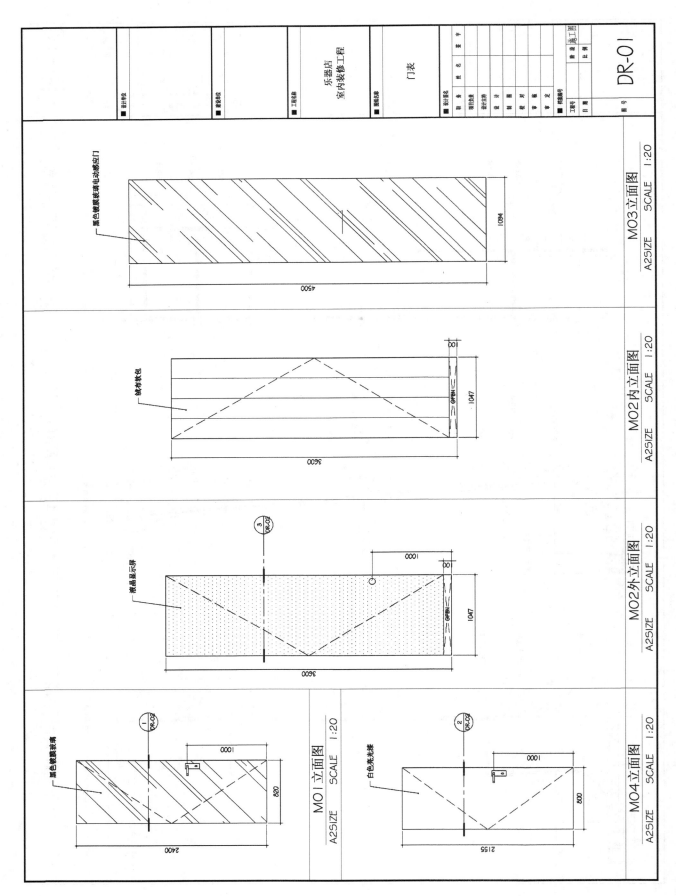

MO3立面图　　SCALE 1:20
A2SIZE

黑色镀膜玻璃电动感应门

1094

4500

MO2内立面图　　SCALE 1:20
A2SIZE

绒布软包

OPEN

80

1047

3600

MO2外立面图　　SCALE 1:20
A2SIZE

液晶显示屏

3
DR-02

1000

80

OPEN

1047

3600

MO1立面图　　SCALE 1:20
A2SIZE

黑色镀膜玻璃

1
DR-02

1000

820

2400

MO4立面图　　SCALE 1:20
A2SIZE

白色亮光漆

2
DR-02

1000

800

2155

乐器店
室内装修工程

门表

设计单位
建设单位
工程名称
图纸名称

签　字

图　名

职　务
项目负责
设计主持
设　计
制　图
校　对
审　核
审　定

设计资质

图纸编号

比例
日期

DR-01

图号

工程号

DR-01

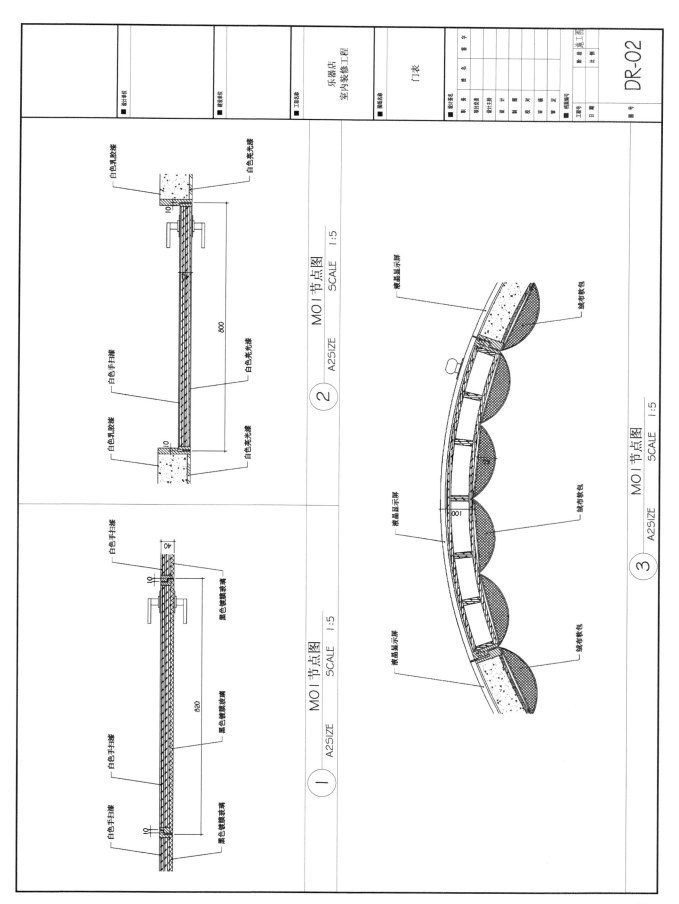

门表

乐器店
室内装修工程

MO1 节点图　SCALE　1:5

① MO1 节点图　SCALE　1:5
　A2SIZE

② MO1 节点图　SCALE　1:5
　A2SIZE

③ MO1 节点图　SCALE　1:5
　A2SIZE

白色乳胶漆
白色亮光漆
白色亮光漆
白色手扫漆
白色亮光漆
白色乳胶漆
白色手扫漆
白色手扫漆
黑色镀膜玻璃
黑色镀膜玻璃
黑色镀膜玻璃

液晶显示屏
绒布软包
液晶显示屏
绒布软包
液晶显示屏
绒布软包

800
820

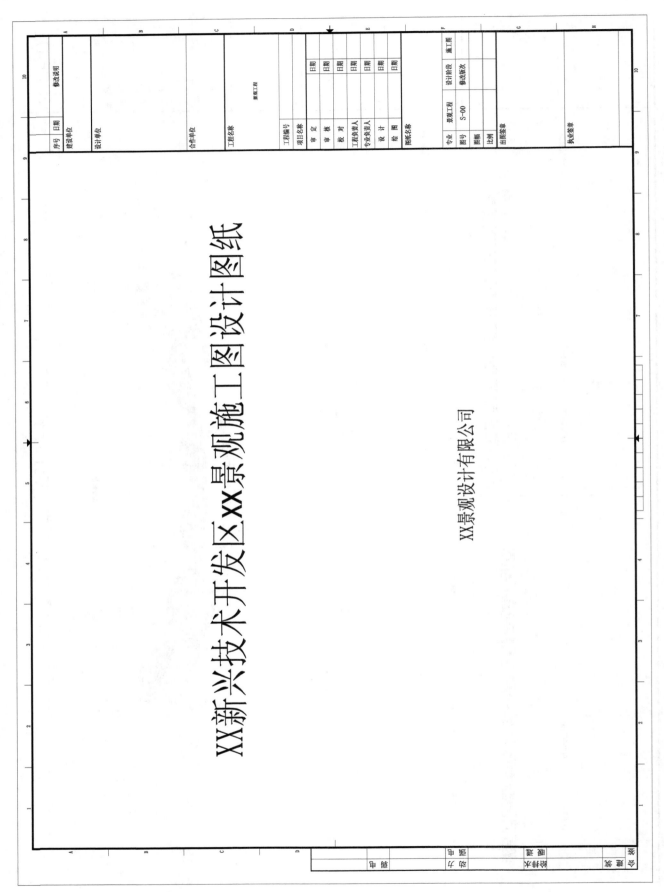

XX新兴技术开发区XX景观施工图设计图纸

XX景观设计有限公司

图 纸 目 录

工 程 名 称　景观工程

项　目

序号	图别图号	图 纸 名 称	采用标准图集或重复使用图 图集编号或原工程编号 / 原图图号	图幅尺寸	备 注
01	S-00	图纸目录		A4	
02	S-01	施工说明		A2	
03	S-02	总平面定位图		A1	
04	S-03	总平面标高设计图		A1	
05	S-04	总平面铺装设计图		A1	
06	S-05	总平面绿化定位图		A1	
07	S-06	总平面苗木定位图		A1	
08	S-07	总平面竖向定位图		A1	
09	S-08	总项目网格定位图		A1	
10	L-A01	停车位详图一		A2	
11	L-A02	停车位详图二		A2	
12	L-B01	水景系统详图一		A2	
13	L-B02	水景系统详图二		A2	
14	L-C01	三角铺装及分步详图		A2	
15	L-D01	商业等铺设计及尺寸定位图		A2	
16	L-D02	商业索引及铺装设计详图		A2	
17	L-D03	商业铺详图		A2	
18	L-D04	地灯及花池详图		A2	
19	L-D05	木平台一详图		A2	
20	L-D06	车场详图		A2	
21	L-D07	木平台二详图		A2	
22	L-D08	商业铺详图二		A2	
23	L-D09	小角楼详图		A2	
24	L-E01	入口广场尺寸定位图		A2	
25	L-E02	入口广场索引图		A2	
26	L-E03	入口铺详图		A2	
27	L-E04	三角花池详图		A2	
29	L-B05	藤架详图		A2	
30	L-B06	不锈钢树池及条石详图		A2	
31	L-F01	地下出入口场地一详图		A2	
32	L-F02	地下出入口场地二详图		A2	
33	L-F03	地下出入口场地三详图		A2	
34	L-F04	地下出入口场地一详图二		A2	
35	L-F05	地下出入口场地二详图二		A2	
36	L-G01	园路详图		A2	

设 计 号
共　页　第　页
200　年　月　日

专业　景观工程　设计阶段　施工图
图号　S-00　修改版次
图幅
比例

序号　日期　修改说明
建设单位
设计单位
合作单位
工程名称　景观工程
工程编号
项目名称
审　定　日期
审　核　日期
校　对　日期
工程负责人　日期
专业负责人　日期
设　计　日期
绘　图　日期
图纸名称
执业签章

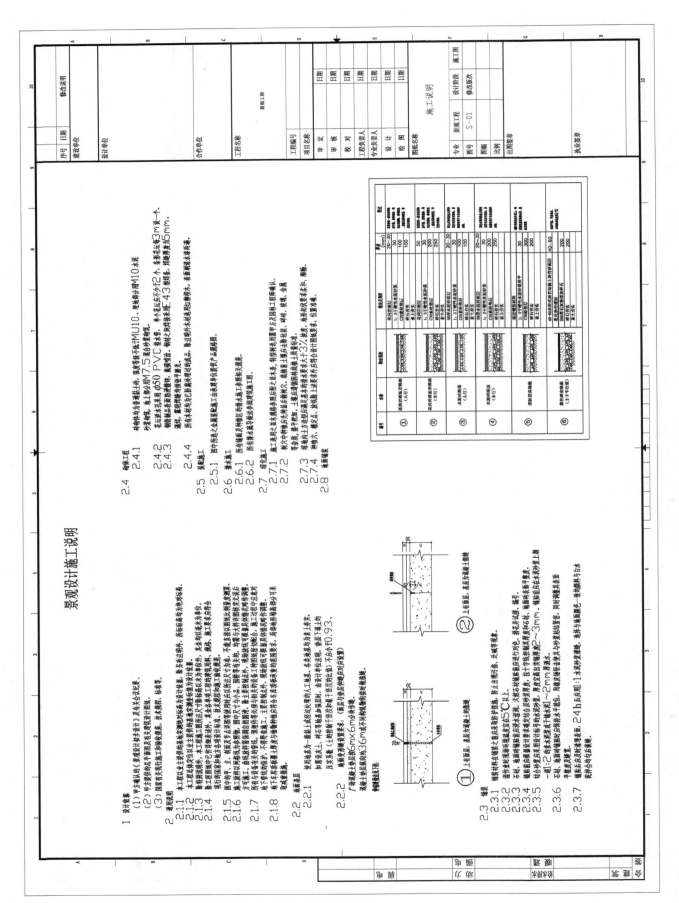

景观设计施工说明

1 设计依据
- （1）甲方与我司的《景观设计合同》及有关法规文件。
- （2）甲方提供的平整好的现状地形图纸。
- （3）国家有关的工程规范、技术规程、标准等。

2 通用说明
- 2.1.1 本工程以建筑轴线及地形道路定位为主要设计依据，除另有注明外，所标标高均为相对标高。
- 2.1.2 各专业施工图应以主要建筑物的轴线及设计标高为基准。
- 2.1.3 施工说明、木工图尺寸均以设计施工图纸标注尺寸为准，标注尺寸以mm为单位。
- 2.1.4 本图所有尺寸以图纸标注为准，其余未注明的详见相关标准图集。
- 2.1.5 图中的屋面和墙身做法详见本设计施工图及建筑施工图纸。
- 2.1.6 本工程施工必须遵照国家现行的有关设计施工验收规范。
- 2.1.7 所有标高以建筑首层标高±0.000为准。
- 2.1.8 本设计施工图应与给排水、电气等施工图配合施工。局部与相关的详图和设计施工说明。

2.2 道路工程
- 2.2.1 道路路基为一般性土基经处理后的地段工地基，各类基均为素土夯实。各类基础均为素土夯实。
- 2.2.2 道路路面纵横坡要求。人行道及车行道面层，由设计单位认可后方可施工。垫层干密度的压实不应小于0.93。
  - 道路混凝土基层厚36或不同规格铺面材料铺装。
  - 铺面材料做法：

2.3 铺装
- 2.3.1 铺装材料在铺装之前应经甲方及监理确认，方可出货采购。
- 2.3.2 温度低于5℃以上。
- 2.3.3 石材、面层材料的应做防渗处理，天然石材须进行试拼、编号。
- 2.3.4 铺贴面层前应按设计要求和结合层砂浆找平。出厂标志编号应对应。
- 2.3.5 粘结砂浆按设计要求铺于面层的结合层厚度，再浇筑水泥浆约2～3mm，用厚度2mm。
  一道、2:2水泥砂浆干拌料。
- 2.3.6 石材、面层铺装应做水平整齐，铺装时应保持水平和平整度，同时调制水泥砂浆。
- 2.3.7 铺贴后应控制水平度，24h后应用1:水泥砂浆灌缝，缝与铺装颜色一致或铺装色一致。铺装缝与出水口，铺装合缝与出水。

2.4 砌筑工程
- 2.4.1 砖砌体均为普通烧结砖，强度等级不低于MU10，墙体砂浆用M10水泥砂浆砌筑，毛石砂浆分7.5混合砂浆砌筑。
- 2.4.2 无法避让应采用φ50 PVC排水管。单个无论至少不少于2个，本排花坛每3m设一个。
- 2.4.3 钢筋表面要求除锈，钢筋之间间距多排43型排多，排缝厚度5mm。
  - 筋网、基层排缝砂浆结合层面。

2.5 景观施工
- 2.5.1 图中所给尺寸之参数和装修工由本专业图纸设计为准。除注明外木材选用耐腐木，表面耐候木涂面漆。

2.6 排水施工
- 2.6.1 所有墙区和排区砌体按施工基准面天漆。
- 2.6.2 所有材料导出安装应参照施工图。

2.7 绿化施工
- 2.7.1 施工适用之苗木要务多面图和之样本，按图纸核认数量种植单方及原苗木工程所确认。
- 2.7.2 树穴内植应力求植树后种好，灰油置坑围周本底面之工程确认。
- 2.7.3 草绿坪土方应填平之基本种植基本的种植要素大于32°坡度，坡形状保水要素本平木，种植。
- 2.7.4 种植穴、模坑、基坑置、坡墙至少要本面设计图纸要求、位置准。

2.8 墙面铺装

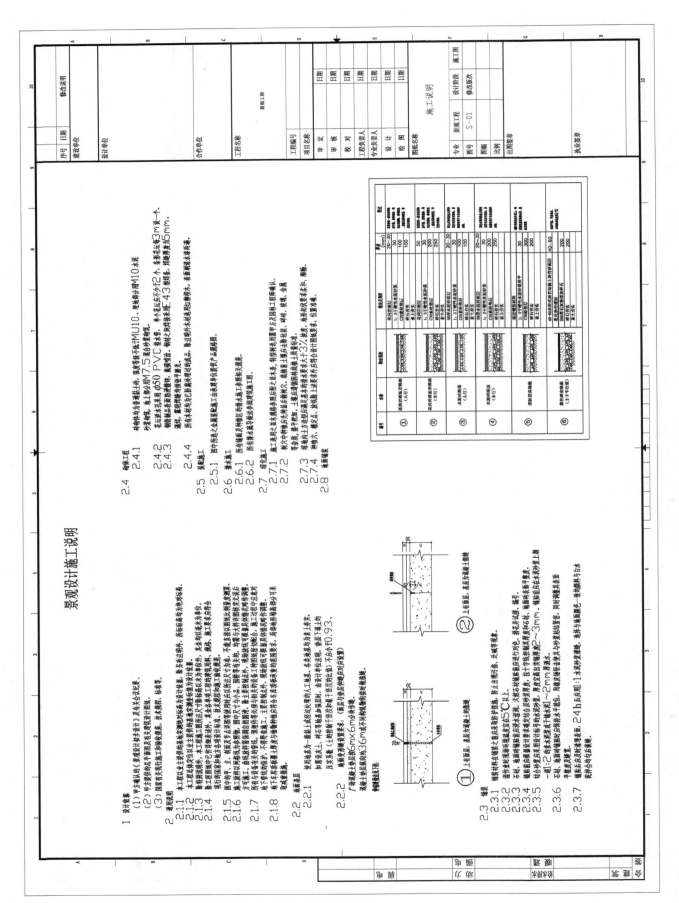

① **铺装**（上面层为柔层混凝土防护层）

② **铺装**（上面层为柔层为混凝土面层）

编号	材料	构造图	构造工艺	厚度(mm)	备注
①	花岗岩步石铺装面层（A形式）		花岗岩步石铺装面层 1、3寸磨砂水泥结合层 基层夯实 C20细石混凝土	20～30 30 100 100	
②	花岗岩铺装面层（B形式）		花岗岩铺装面层 3寸磨砂水泥结合层 C20细石混凝土 基层夯实	50 30 200 250	
③	水泥砂浆面层（A形式）		60厚水泥面层 3寸磨砂水泥结合层 基层夯实	20～30 30 100 100	
④	水泥砖铺装面层		60厚水泥砖铺面层 C30细石混凝土 基层夯实	20～30 200 250	
⑤	透水混凝土面层		透水混凝土面层 1、3寸磨砂水泥结合层 基层夯实	30 300 200	
⑥	青灰色砖铺装面层（手工平铺式）		40～60青灰色砖铺装面层 20厚1:3水泥砂浆结合层上青灰砖面层 基层夯实	40～50 200 200	

施工图
设计阶段
修改版次
泵湖工程
专业　S－01
图号
比例
出图印章
施工说明
图纸名称
景观工程
工程编号
项目名称
审　定
审　核
校　对
工程负责人
设　计
绘　图
日期　日期　日期　日期　日期　日期
建设单位
设计单位
合作单位
工程名称
序号　日期　修改说明

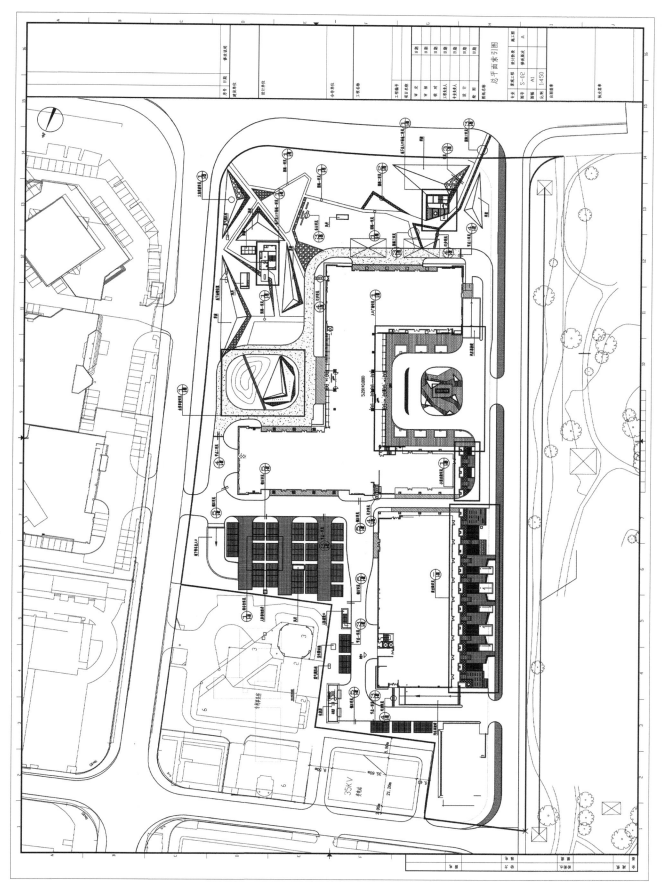

总平面索引图

35KV 变电站

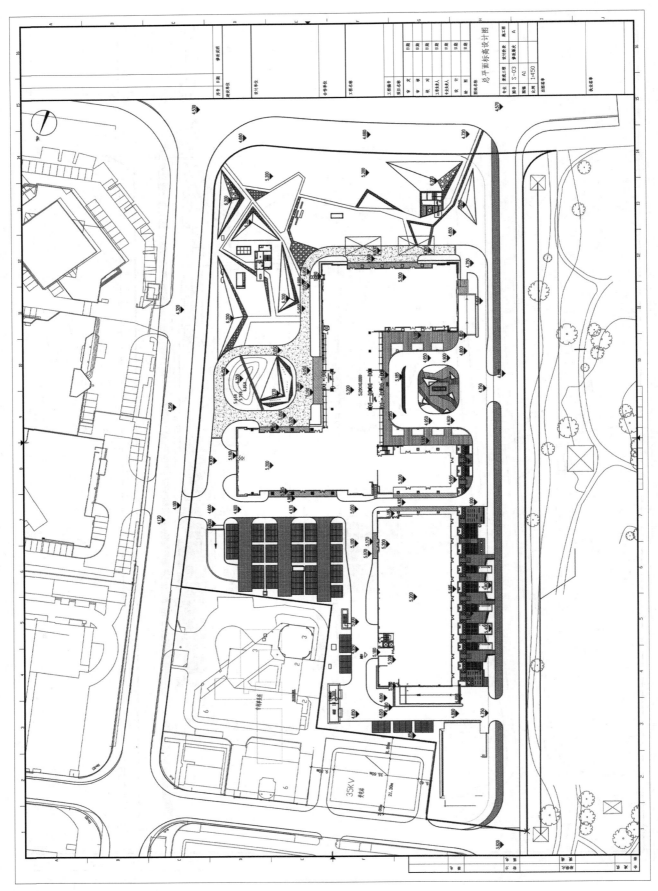

84

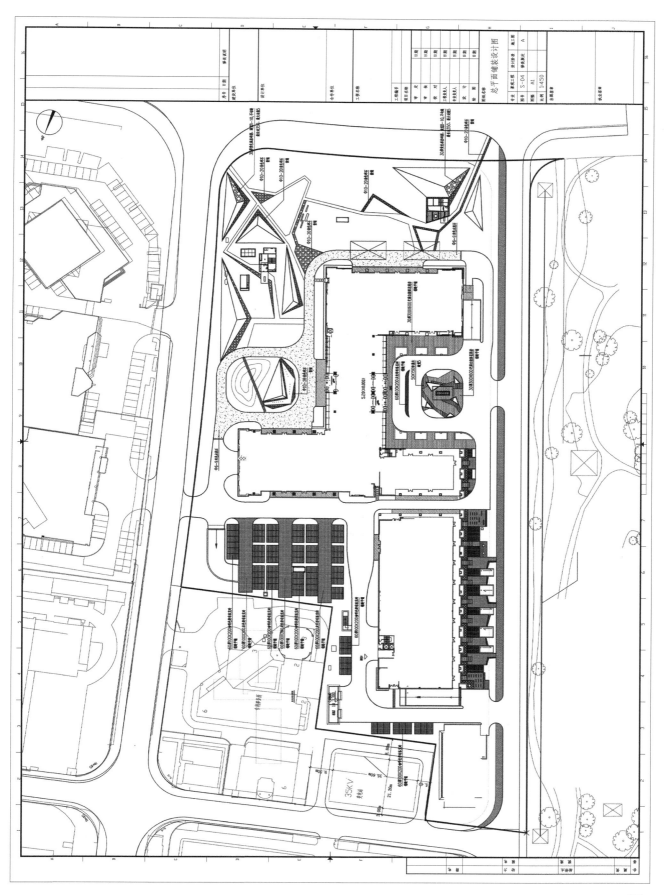

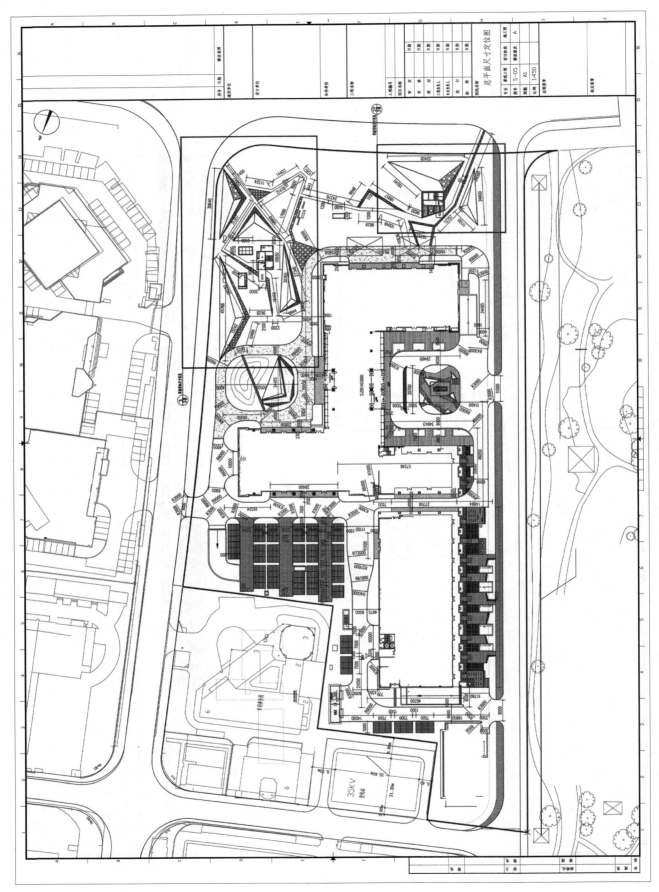

总平面尺寸定位图

86

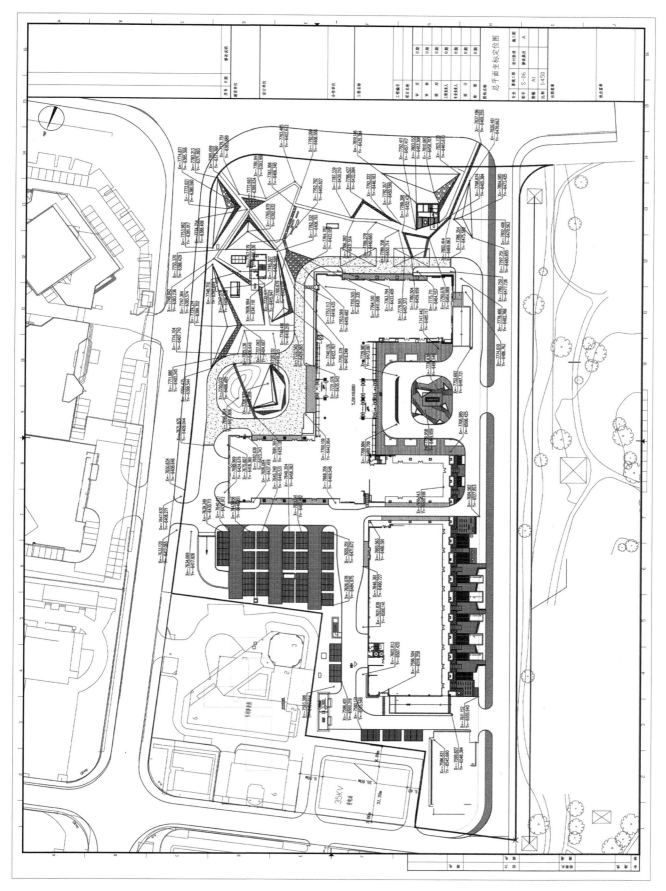

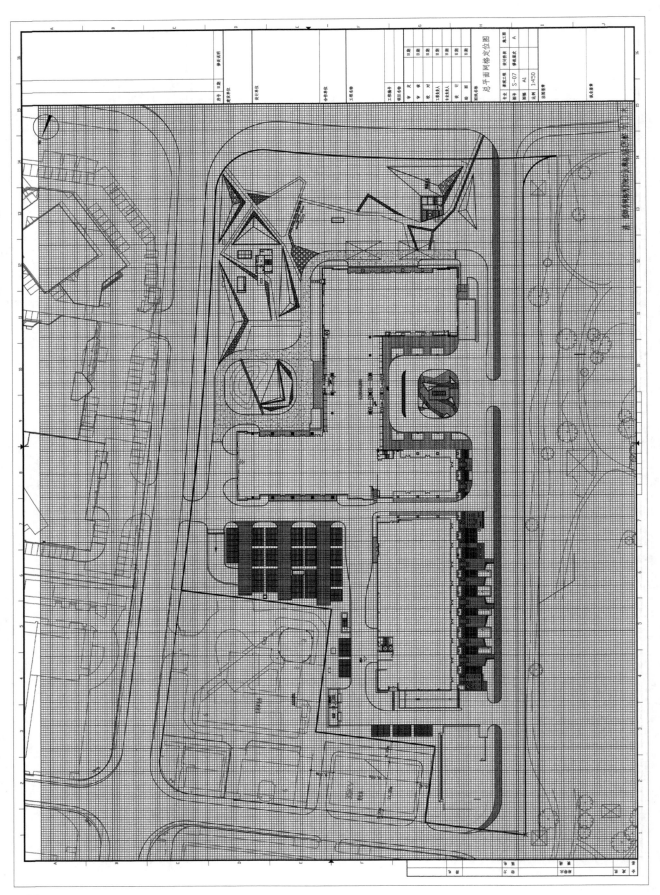

总平面网格定位图

88

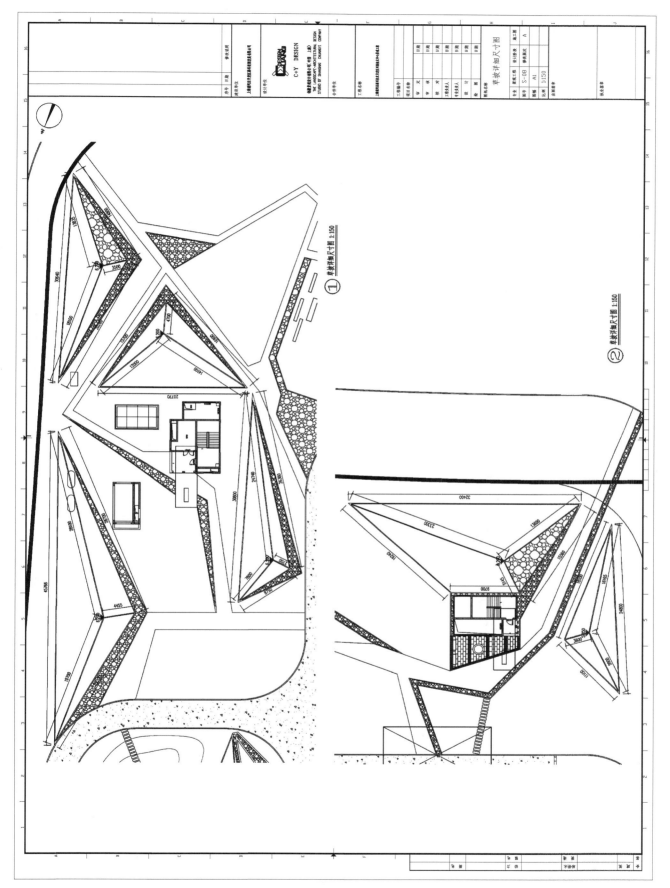

① 草坡详细尺寸图 1:150

② 草坡详细尺寸图 1:150

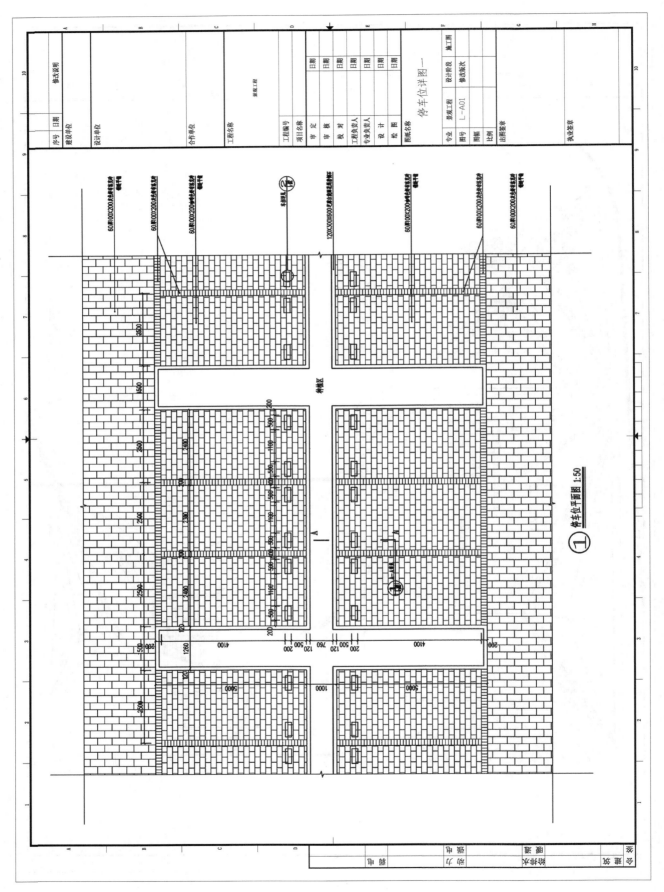

① 停车位平面图 1:50

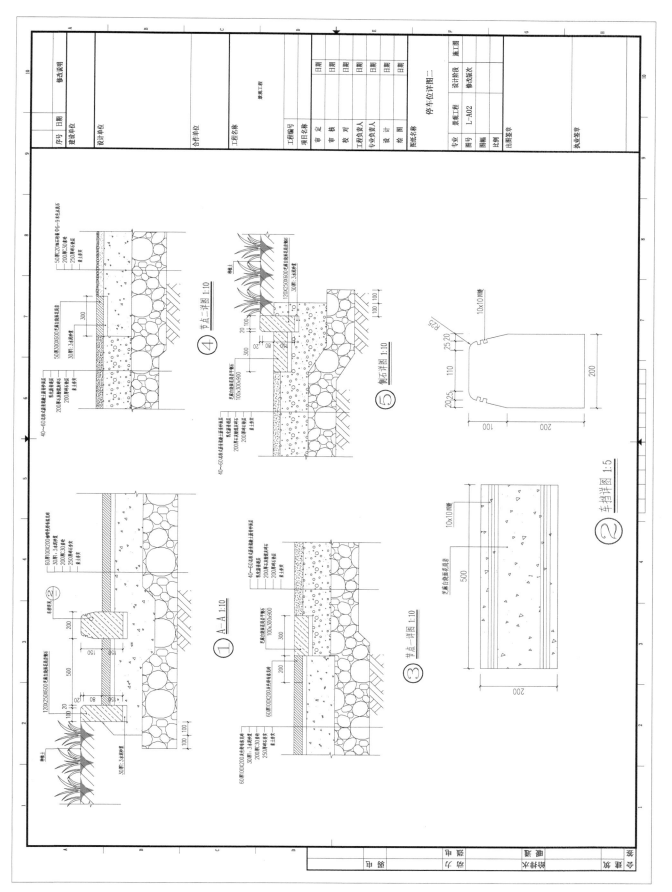

① A—A 1:10

② 节点一详图 1:10

③ 节点一详图 1:10

④ 节点二详图 1:10

⑤ 侧石详图 1:10

⑥ 车挡详图 1:5

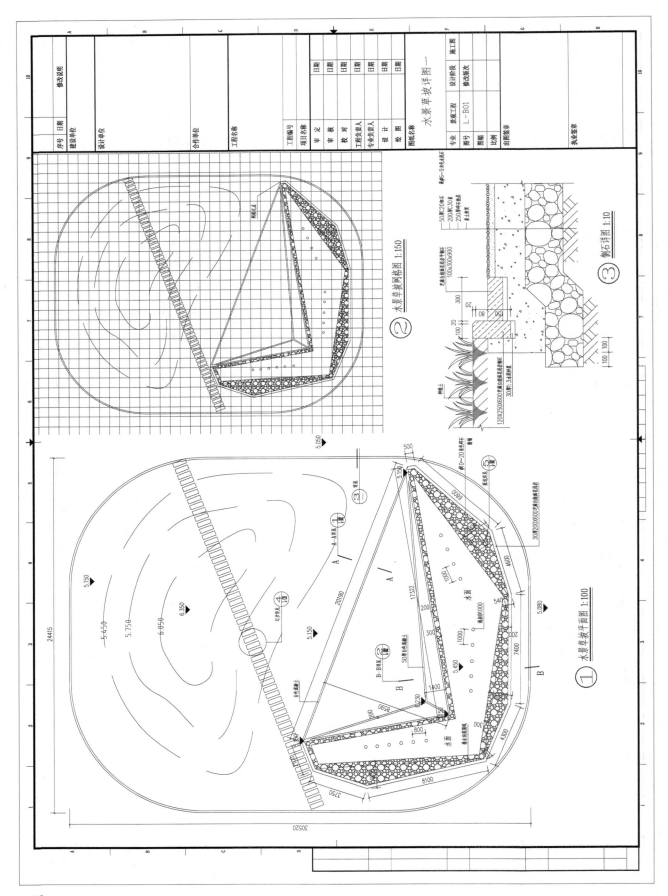

水景草坡详图一

② 水景草坡网格图 1:150

③ 剖石详图 1:10

① 水景草坡平面图 1:100

92

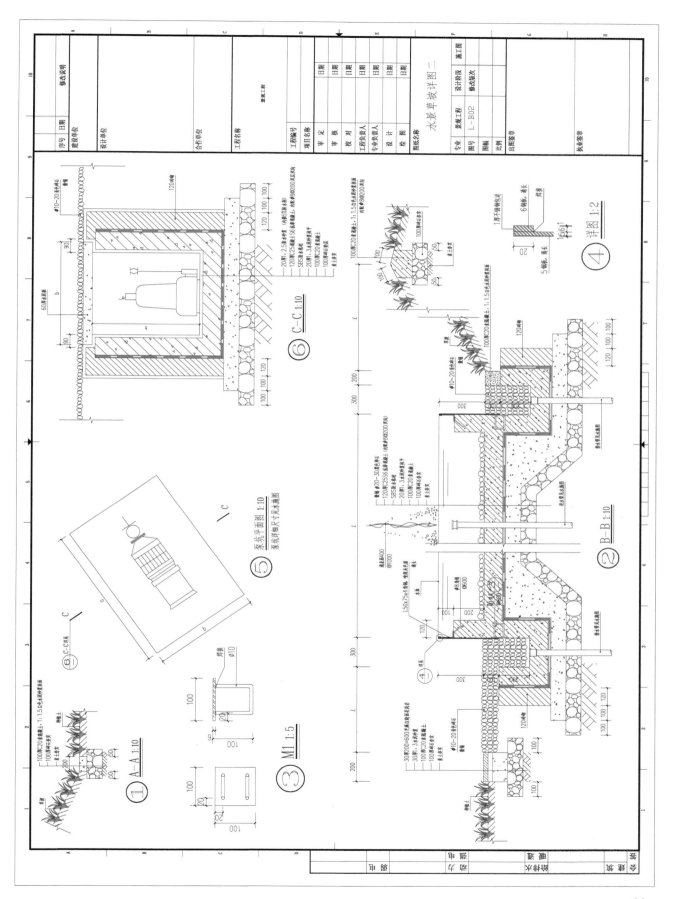

水景草坡详图二

施工图

L-B02

93

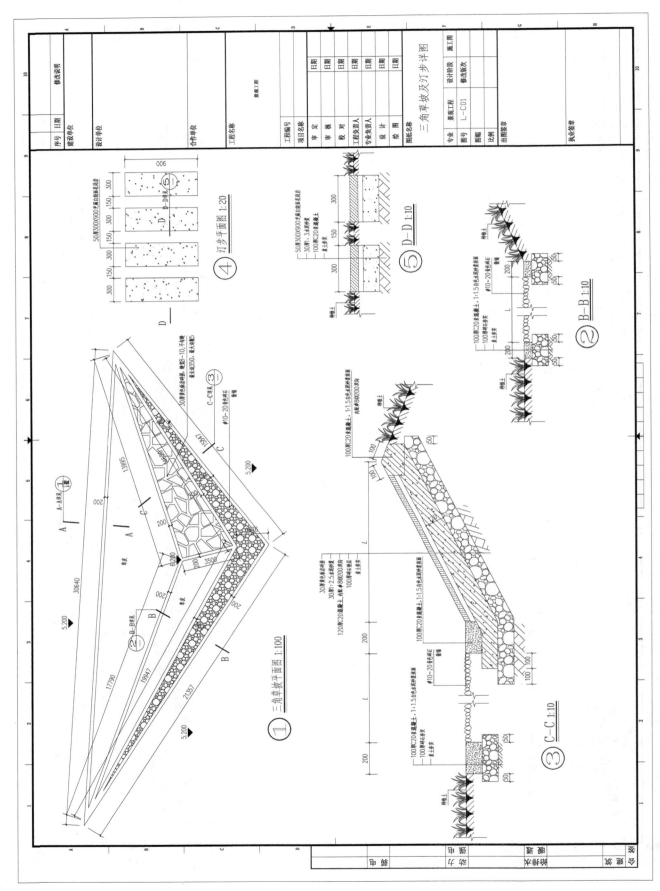

三角草坡及汀步详图

94

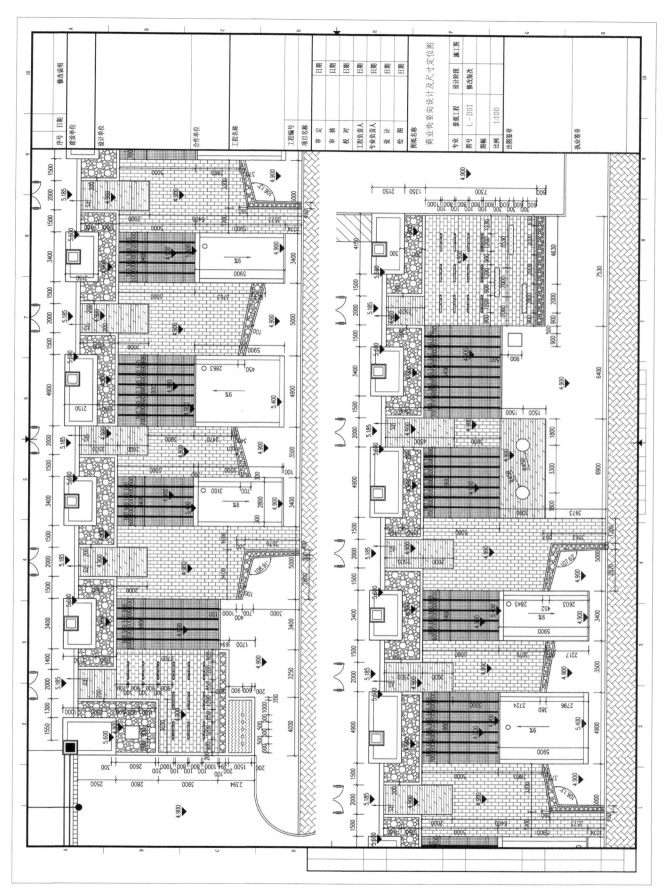

商业街竖向设计及尺寸定位图

95

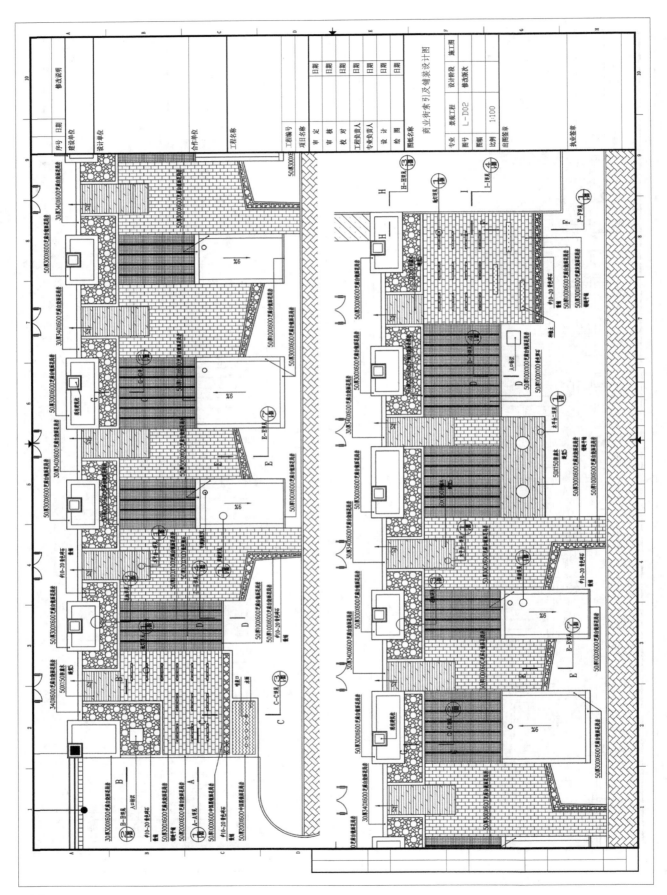

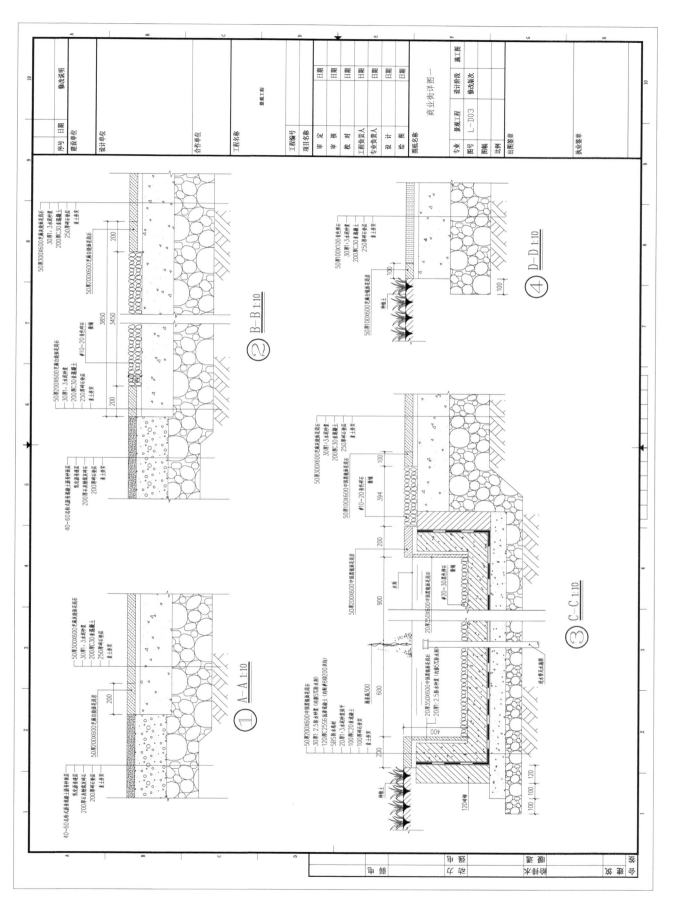

商业街详图一

L-D03

97

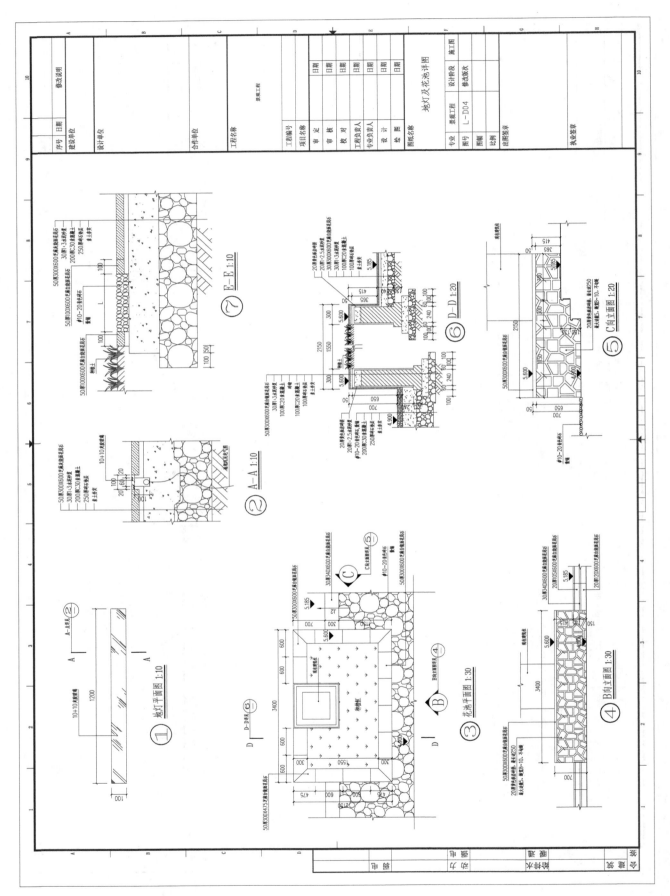

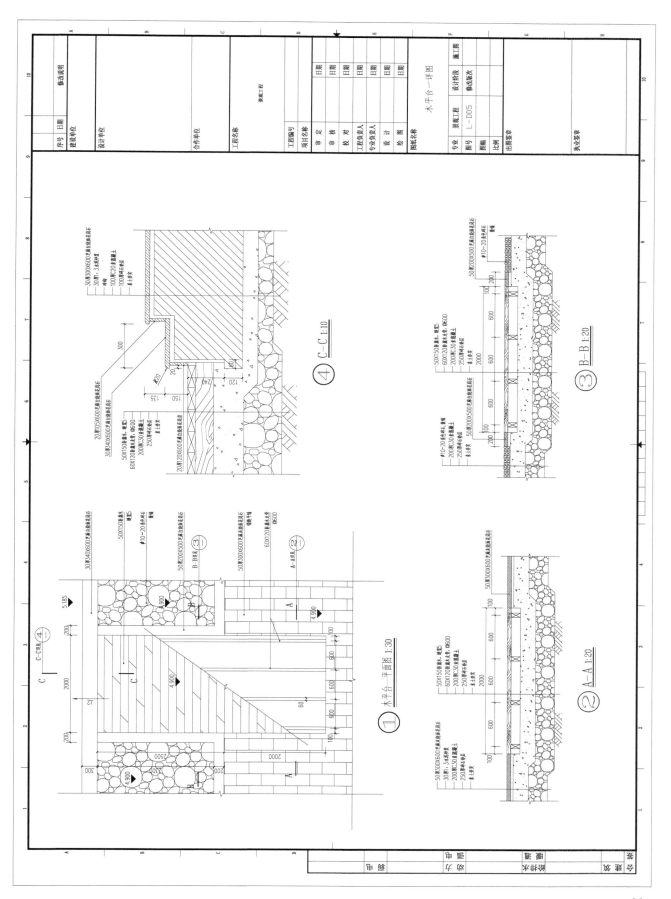

④ C—C 1:10

③ B—B 1:20

① 木平台—平面图 1:30

② A—A 1:20

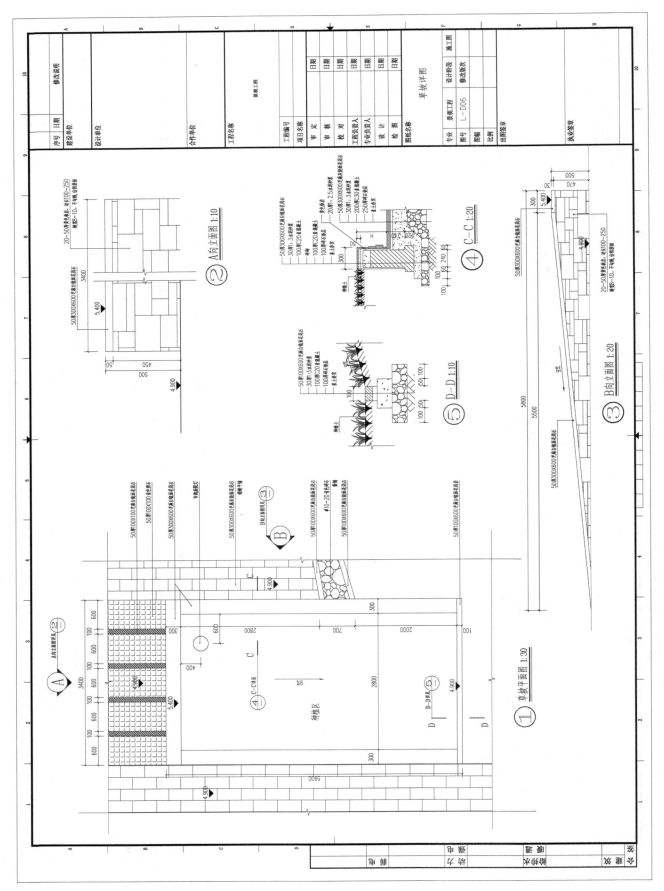

草坡详图

① 草坡平面图 1:30

② A向立面图 1:10

③ B向立面图 1:20

④ C-C 1:20

⑤ D-D 1:10

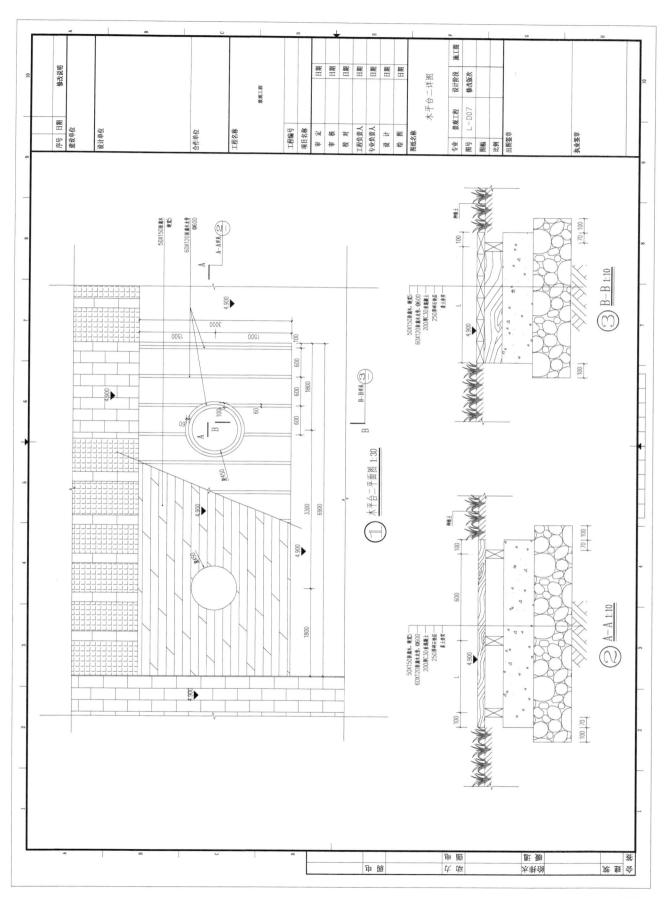

木平台二详图

① 木平台二平面图 1:30

② A-A 1:10

③ B-B 1:10

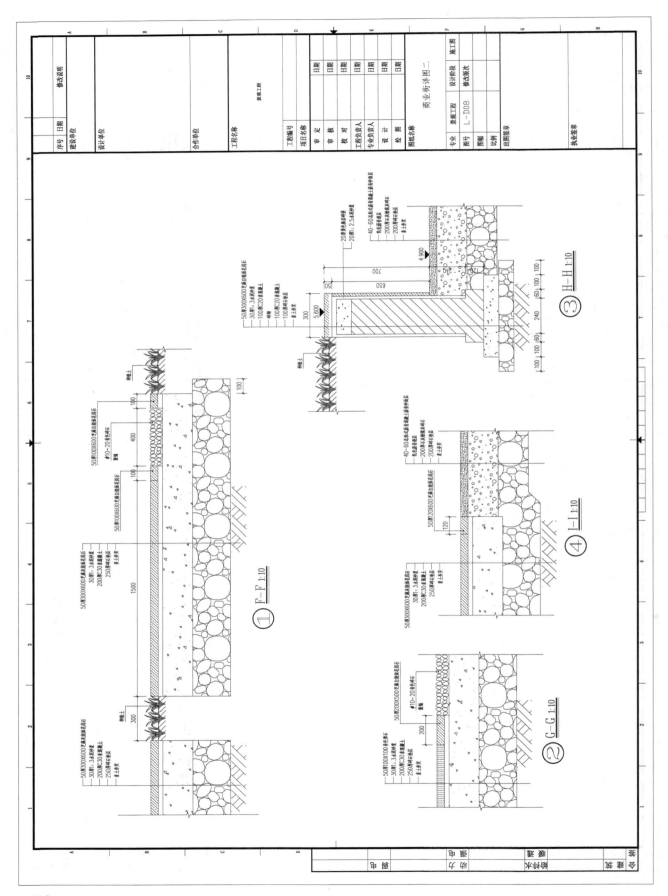

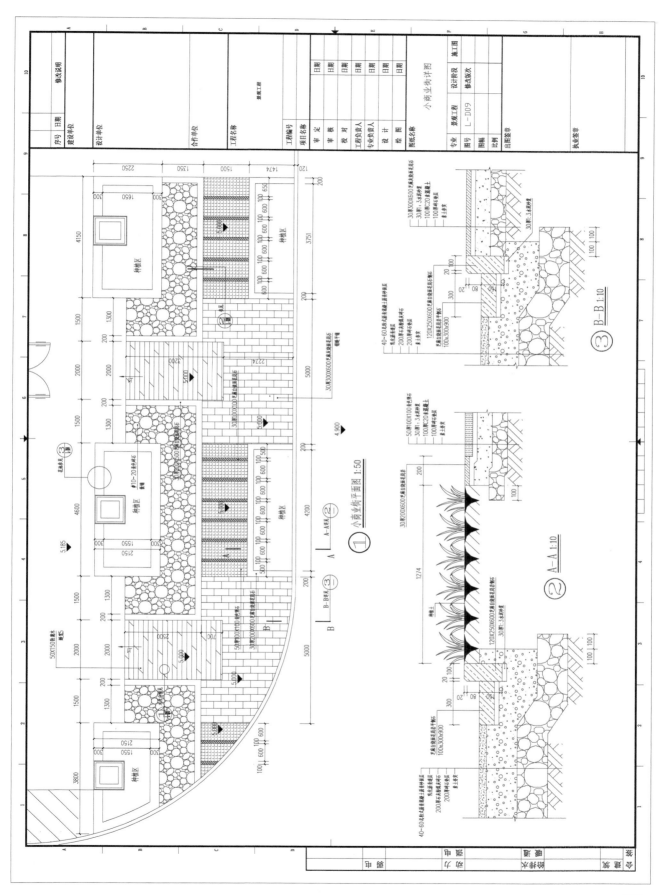

小商业详图

小商业详平面图 1:50

① A-A详图 ②

A-A 1:10 ②

B-B 1:10 ③

③ B-B 1:10

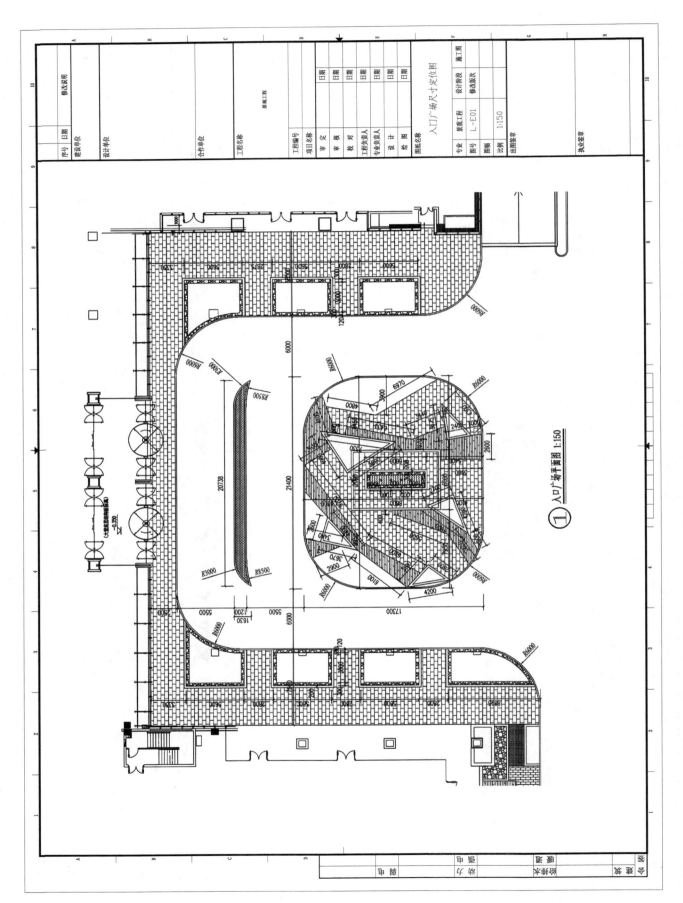

① 入口广场平面图 1:150

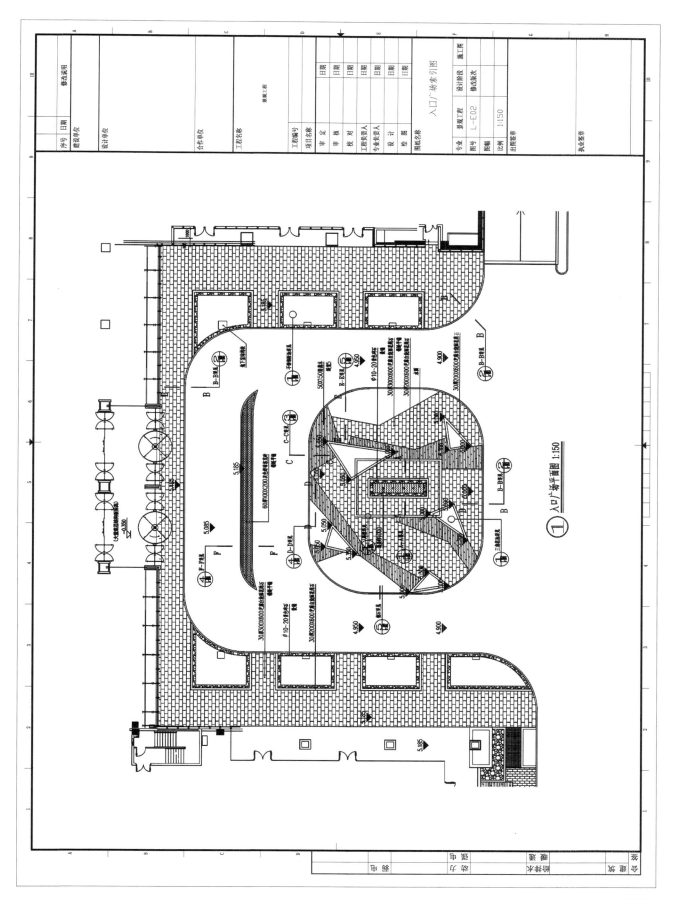

① 入口广场平面图 1:150

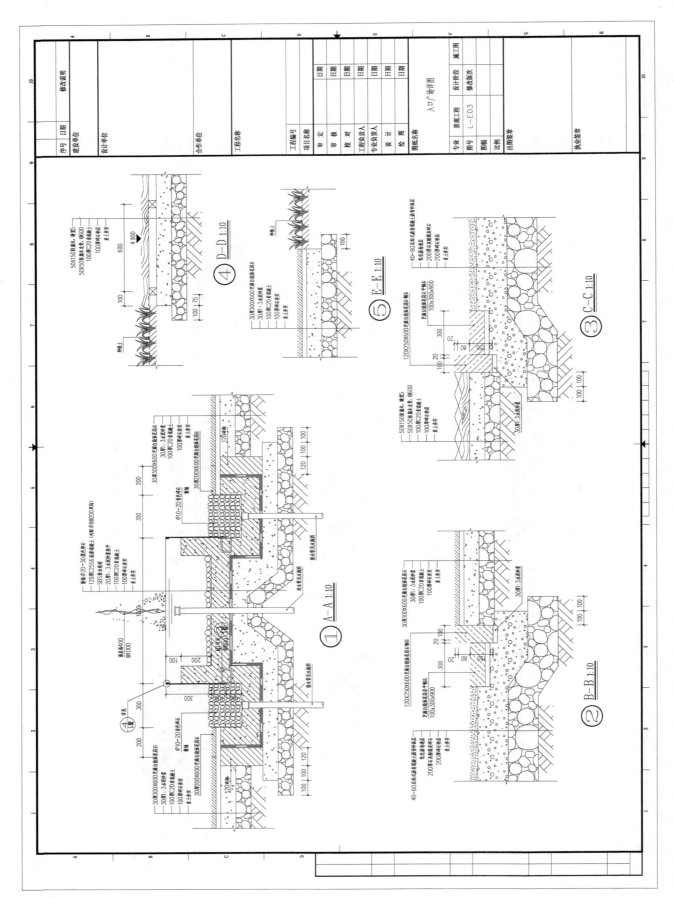

106

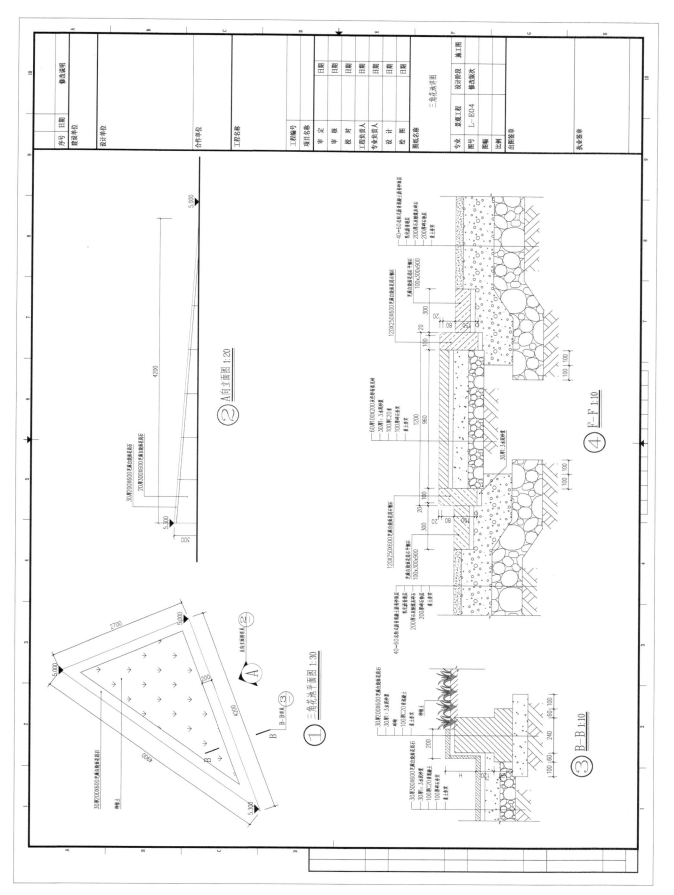

107

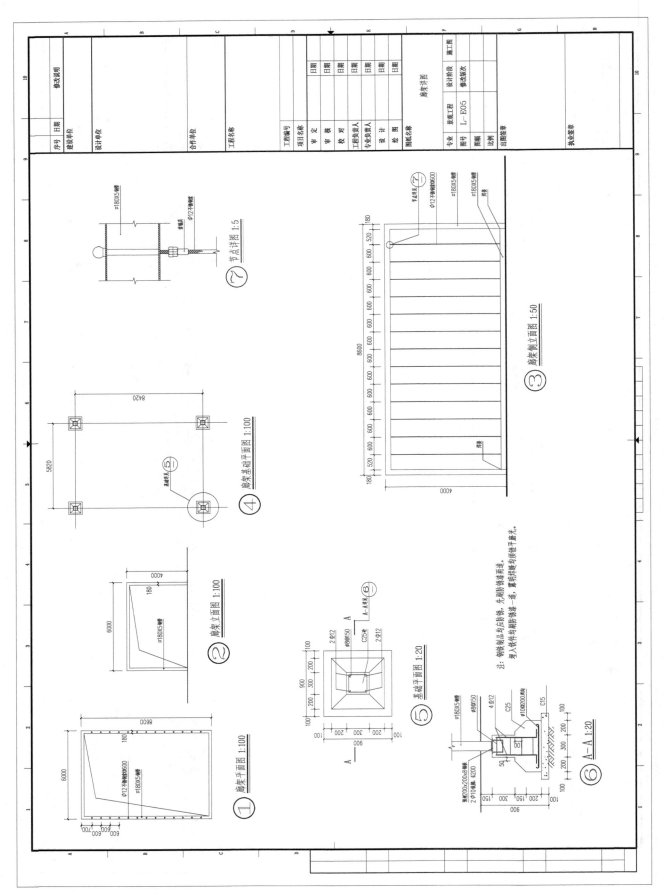

廊架详图

① 廊架平面图 1:100

② 廊架立面图 1:100

③ 廊架侧立面图 1:50

④ 廊架基础平面图 1:100

⑤ 基础平面图 1:20

⑥ A—A 1:20

⑦ 节点详图 1:5

注：钢铁制品均应除锈，先刷防锈漆两遍，
　　凡入钢件均刷防锈漆一遍，零附件缝均须磨平磨光。

修改说明
序号　日期
建设单位
设计单位
合作单位
工程名称
工程编号
项目名称
审　定　日期
审　核　日期
校　对　日期
工程负责人　日期
专业负责人　日期
设　计　日期
绘　图
图纸名称　廊架详图
专业　景观工程　设计阶段　施工图
图号　L—E05　修改版次
图幅　　比例
出图签章
执业签章

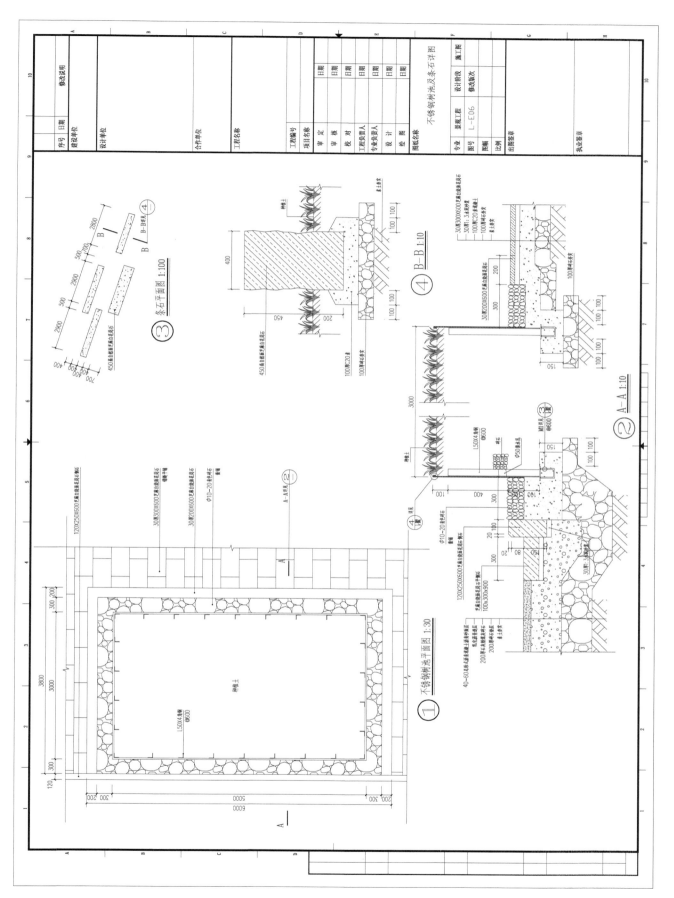

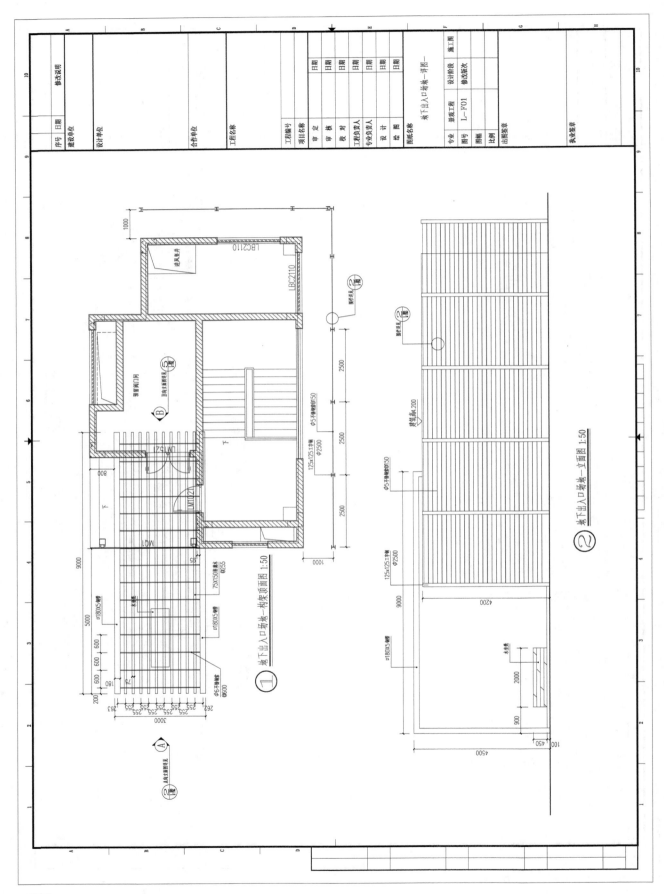

① 地下出入口场地—构架顶面图 1:50

② 地下出入口场地—立面图 1:50

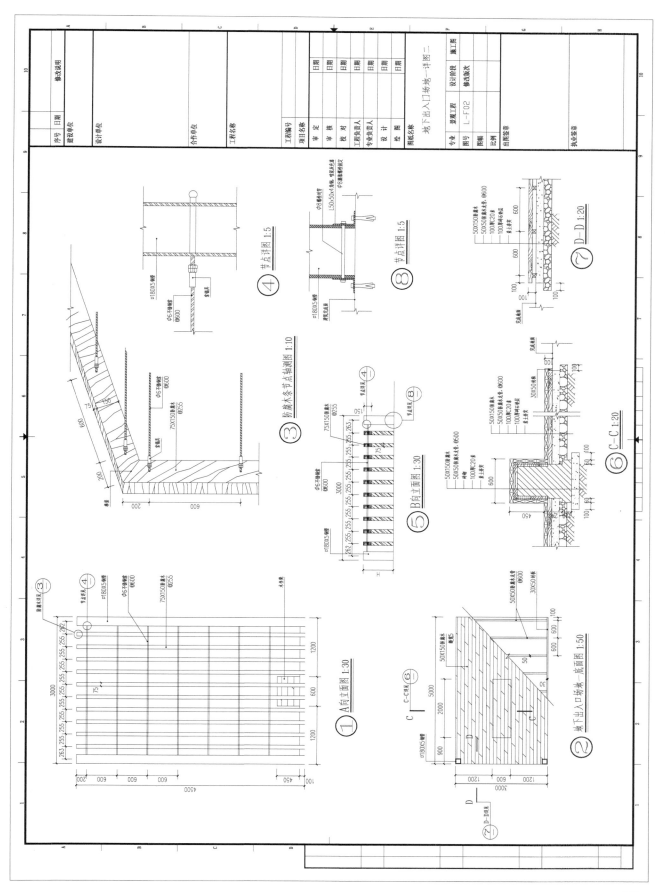

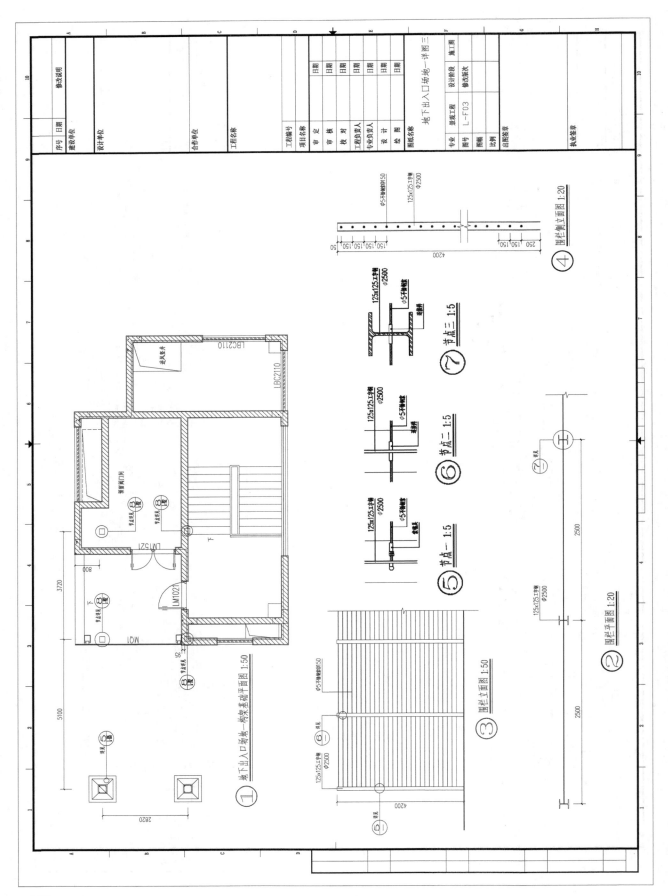

① 地下出入口场地一祥地基础平面图 1:50

③ 围栏立面图 1:50

④ 围栏侧立面图 1:20

⑤ 节点一 1:5

⑥ 节点二 1:5

⑦ 节点三 1:5

② 围栏平面图 1:20

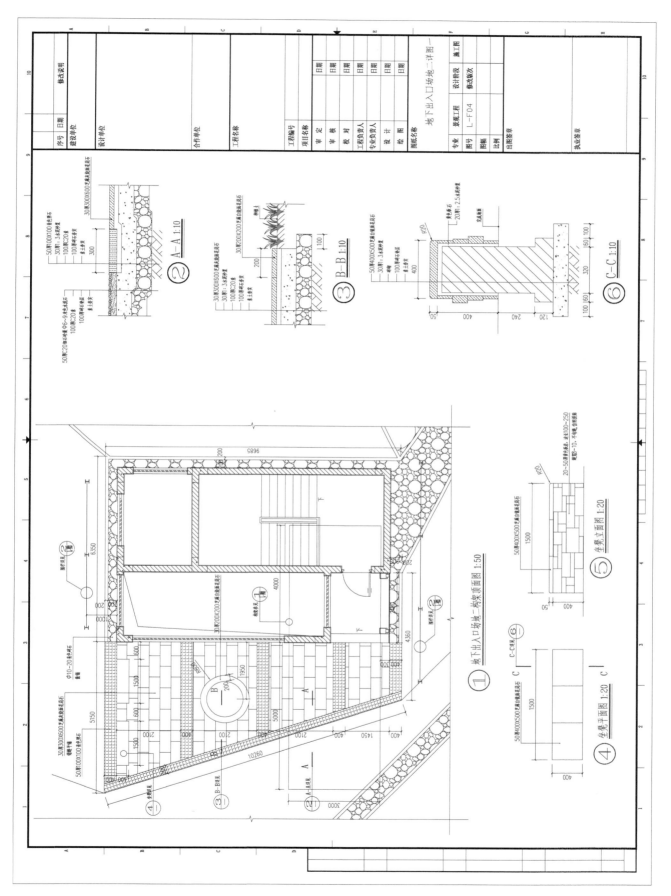

① 地下出入口场地一构架顶面图 1:50

② A-A 1:10

③ B-B 1:10

⑥ C-C 1:10

④ 坐凳平面图 1:20

⑤ 坐凳立面图 1:20

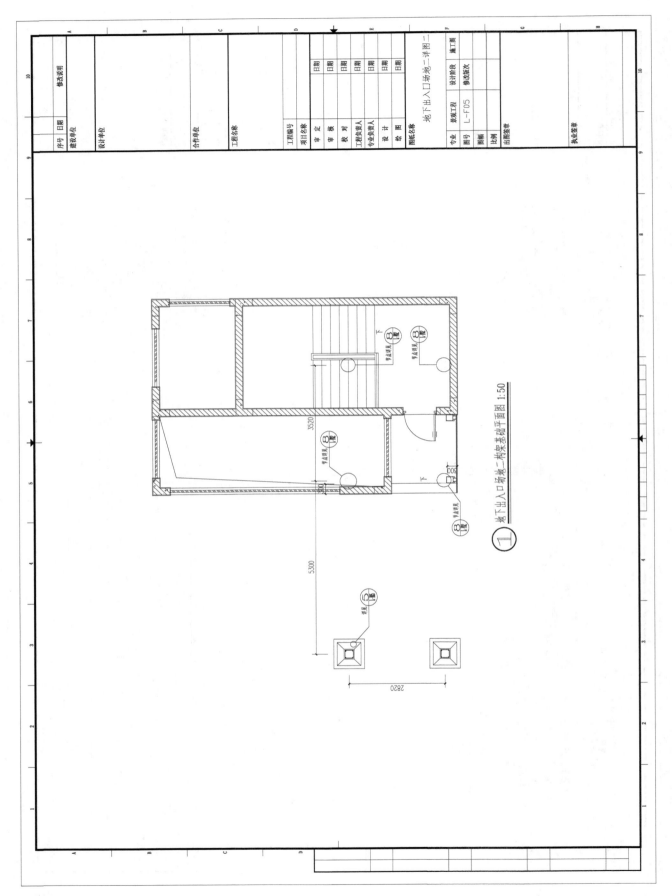

地下出入口场地二构架基础平面图 1:50

① 地下出入口场地二构架基础平面图 1:50

114

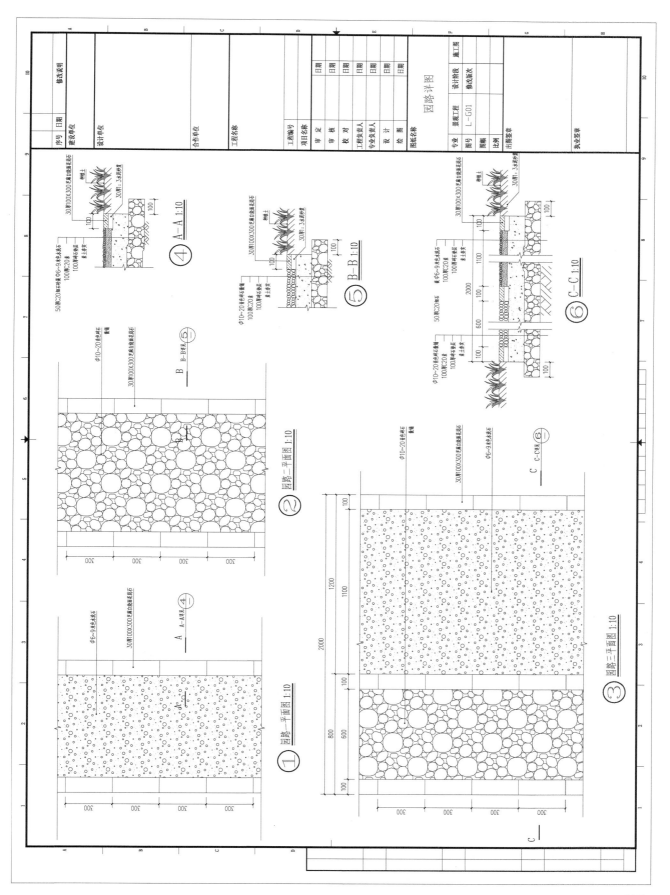

园路详图

第4章 施工图设计相关知识

4.1 施工图审核与技术交底

4.1.1 施工图审核的重要性

施工图设计文件在室内设计和景观设计施工过程中起着主导作用。施工图阶段是以"标准"作为主要内容，再好的构思，再美的表现图，倘若离开施工图作为控制标准，则可能使设计创意无法得到合理实施和有效体现。

在施工图绘制过程中，如果出现尺寸标错、文字含混、前后矛盾甚至图纸漏项、各专业衔接冲突等原则性问题，则会严重影响图纸的质量，给施工带来极大的不便，同时也可能会造成一定的经济损失。可见，施工图的审核工作就显得十分重要，这是室内和景观设计工程项目中一个不容忽视的重要环节，是一项极其严肃、认真的技术工作。

4.1.2 施工图审核的原则和要点

施工图审核可以有两个层面的理解，一是设计单位对图纸的审核；另一个是工程开工前，施工图纸下发到建设单位和施工单位，进行图纸审核，一般称作图纸会审。

另外，从2000年1月起，有关建筑工程的设计施工图均要经过专门机构的审查，主要由建设行政主管部门组建的审查机构或经国家审批的全国甲级设计单位的审查机构进行图纸审查，重点审查施工图文件对安全及强制性法规、标准的执行情况。这也是建设行政主管部门对建筑工程设计质量进行监管的有效途径之一。这一关过不了，则无法开工。当然，这只是针对建筑设计的施工图审查，而目前室内设计领域还没有实行由相关主管部门进行的图纸审查制度，但也至少说明了施工图审核的重要意义。

（1）施工图纸必须是有设计资质的单位签署，没有经过正式签署的图纸不具备法律效力，更不能进行施工。

（2）施工图纸应遵循制图标准，保证制图质量，做到图面清晰、准确，符合设计、施工、存档的要求，以满足工程施工的需要。

（3）施工图设计应依据国家及地方法规、政策、标准化设计及其他相关规定，应着重说明装饰在遵循防火、生态环保等规范方面的情况。

（4）施工图采用的处理方法是否合理、可行，对安全施工有无影响；是否有影响设备功能及结构安全的情况。

（5）核对图纸是否齐全，有无漏项，图纸与各个相关专业之间配合有无矛盾和差错。

（6）审核图纸中的符号、比例、尺寸、标高、节点大样及构造说明有无错误和矛盾。

（7）审核图纸中对设计提出的一些新材料、新工艺及特殊技术、构造有无具体交待，施工是否具有可行性。

（8）审核选定的材料样板与图纸中的材料做法说明是否相吻合。

审核图纸时对发现的问题和差错，应及时通知相关设计人员进行修改和调整。

4.1.3 施工图审核的程序

施工图作为室内与景观工程施工的依据，体现了图纸对设计质量、施工标准、安全要求等方面的严格要求，施工图审核也具有一套严格的管理制度和程序。

（1）一般是设计人自查、校对者核对、审核人审查、审定人审定一系列程序，各负其责，逐级审核。发现问题，及时修改，最后由设计人开始，依次逐级签字出图。

（2）大型或相对较正规的工程，需要若干专业相互配合。若需某专业（如电气、给水排水等）出图，则应经过该专业逐级审核、签字后，由相关工种对图纸进行会签。

（3）施工图设计的各个设计阶段，其设计依据资料、变更文件等均应统计、整理、归档，以备今后查阅。

4.1.4 技术交底

技术交底的概念有若干层面的含义，它是指工程项目施工之前，就设计文件和有关工程的各项技术要求向施工单位作出具体解释和详细说明，使参与施工的技术人员了解项目的特点、技术要求、施工工艺及重点难点等。

技术交底分为口头交底、书面交底、样板交底等。严格意义上，一般应以书面交底为主，辅助以口头交底。书面交底应由各方进行签字归档。

1. 图纸交底

前面已经强调，施工图审核是设计单位应该认真进行的一项工作，为了使设计意图、设计效果在施工中得到更准确的体现，设计单位应当就审核合格的施工图设计文件向施工单位做出详细技术说明。其目的就是设计单位对施工图文件的要求、做法、构造、材料等向施工单位的技术人员进行详细说明、交待和协商，并由施工方对图纸进行咨询或提出相关问题，落实解决办法。

图纸交底中确定的有关技术问题和处理办法，应作详细记录、认真整理和汇总，经各单位技术负责人会签，建设单位盖章后，形成正式设计文件。

图纸技术交底的文件记录具有与施工图同等的法律效力。

2. 施工组织设计交底

施工组织设计交底就是施工单位向施工班组及技术人员介绍、具体交代本工程的特点、施工方案、进度要求、质量要求及管理措施等。

3. 设计变更交底

对施工变更的结果和内容应及时通知施工管理人员和技术人员，以避免出现差错，同时也利于经济核算。

4. 分项工程技术交底

这是各级技术交底的重要环节。就分项工程的具体内容，包括施工工艺、质量标准、技术措施、安全要求以及对新材料、新技术、新工艺的特殊要求等进行具体说明。

4.2 图纸会审与设计变更

4.2.1 图纸会审的基本概念

图纸会审是指工程项目在施工前，由甲方组织设计单位、施工单位及监理单位共同参加，对图纸进一步熟悉和了解。目的是领会设计意图，明确技术要求，发现问题和差错，以便能够及时调整和修改，从而避免带来技术问题和经济损失。可见，这是一项非常重要的技术环节（表4-1）。

图纸会审记录 表 4-1

图纸会审记录			编号	
工程名称			日期	
地点			专业名称	
序号	图号	图纸问题		图纸问题交底
1				
2				
3				
签字栏	建设单位	监理单位	设计单位	施工单位
	×××	×××	×××	×××

注：1. 由施工单位整理、汇总，建设单位、监理单位、施工单位等各保存一份。

    2. 图纸会审记录应根据专业汇总整理。

    3. 设计单位应由专业设计负责人签字，其他相关单位应由项目技术负责人或相关专业负责人签认。

4.2.2 图纸会审的基本程序

由于工程项目的规模大小不一、要求不同，施工单位也存在资质等级的差别，因此对图纸会审的理解和操作可能也会有所不同，但一般还是应遵循一定的基本程序。

1. 熟悉图纸

由施工单位在施工前，组织相关专业的技术人员认真识读有关图纸，了解图纸对本专业、本工种的技术标准、工艺要求等内容。

2. 初审图纸

在熟悉图纸的基础上，由项目部组织本专业技术人员核对图纸的具体细部，如节点、构造、尺寸等内容。

3. 会审图纸

初审图纸后，各个专业找出问题、消除差错，共同协商，配合施工，使装修与建筑土建之间、装修与给水排水之间、装修与电气之间、装修与设备之间等进行良好的、有效的协作。

4. 综合会审

指在图纸会审的前提下，协调各专业之间的配合，寻求较为合理、可行的协作办法。图纸会审记录是工程施工的正式文件，不得随意更改内容或涂改。

4.2.3 设计变更的概念

设计变更就是设计单位根据某些变化，对原设计进行局部调整和修改。在施工过程中，有可能会出现设计上诸如尺寸的变化、造型的改变、色彩的调整等情况，这时，就需要通过设计变更体现出来。有时候出现项目的增项和减项，可能也会产生设计变更。

施工单位不得随意擅自变更设计及与设计相关的内容和要求。

需要强调一点，设计变更要办理相关手续，要有设计变更通知书。变更文件、图纸资料要注意整理、归档，以免将来出现管理混乱、互不知情的现象。但是，设计变更的办理必须限定在施工工期规定的一定期限范围之内，特别是施工后期，设计的大效果、大模样也逐渐显露出来，对一些视觉上的或细部处理的半成品状态，极有可能会出现因没达到甲方某领导预想中的所谓效果，而频繁要求进行设计变更的情况。因此，必须设定一个变更截止日期，否则设计单位无暇进行有效工作，施工工期也很难保证，可能会没完没了地拖延下去(表 4-2)。

设计变更通知单   表 4-2

设计变更通知单			编号	
工程名称			专业名称	
设计单位名称			日期	年 月 日
序号	图号	变更内容		
1				
2				
3				
4				
签字栏	建设(监理)单位		设计单位	施工单位
	×××		×××	×××

注：1. 本表由建设单位、监理单位、施工单位等各保存一份。

2. 涉及图纸修改的，必须注明应修改图纸的图号。

3. 不可将不同专业的设计变更办理在同一份变更上。

4. "专业名称"栏应按专业填写，如建筑、内装修、结构、给水排水、电气、通风空调等。

4.2.4 洽商记录的概念

洽商记录是对施工过程中的一些变更、修改、调整、增减项等情况进行记录,其主要作用是确定工程量,并贯穿于施工全过程,同时也是绘制竣工图的依据。在项目工程中,办理洽商是相当频繁的,也是一项很艰巨的工作。

洽商记录既要靠平时积累,也要注意不要出现漏项的情况,应及时办理,否则结算时会有麻烦,审计单位也不予承认。

严格意义上,施工中每次洽商记录上应有监理或甲方、施工方、设计方代表签字确认(表4-3)。

工程洽商记录 表4-3

工程洽商记录				编号	
工程名称				专业名称	室内设计
提出单位名称				日期	
内容摘要					
序号	图号	洽商内容			
1					
2					
3					
签字栏	建设(监理)单位		设计单位		施工单位
	×××		×××		×××

注:1. 本表由建设单位、监理单位、施工单位等各保存一份。

2. 涉及图纸修改的,必须注明应修改图纸的图号。

3. 不可将不同专业的工程洽商办理在同一份洽商上。

4. "专业名称"栏应按专业填写,如建筑、室内设计、结构、给水排水、电气、通风空调等。

4.3 相关技术规范和法规

施工图设计首当其冲的任务就是要保证使用的安全性,其次才涉及装饰艺术效果。设计师平时可能最为关注空间的视觉效果、空间形象等方面内容,但对其安全性却没有引起足够的重视,而与安全性的操作密切相关的技术规范和法规正是我们虽耳闻却又不甚了解的基本环节。尤其对于室内工程来讲,材料的环保和防火问题则是重中之重。

4.3.1 材料环保知识

继"煤烟型"、"光化学烟雾型"污染后,有关研究报告发现,现代人正进入以"室内空气污染"为标志的第三污染时期。据统计,在人的一生当中,至少有80%以上的时间是在室内环境中度过的,仅有低于5%(特殊职业除外)的时间活动于室外,而其余时间则处于二者之间。室内环境的日益恶劣会导致人的身体健康和身心健康每况愈下,这种情况与室内环境质量不无关系。综合调查结果显示,建筑及装修材料、通风空调系统、办公设备和家电等都是室内空气质量主要的"隐形杀手",显然,影响室内环境质量的主要因素回避不掉装修材料的质量。"回归大自然"这句话不知喊了多少年了,怎么个回归法?其实这都是现实让人们作出的无奈选择,如果再不在某些方面给它落实到实处,无疑这句话也就成了一句空话和口号而已。

材料的环保概念一般有两个层面的理

解，一是材料自身的环保性，即材料的内部构成物质不存在危害人类或自然生态环境的成分，不会向外界散发有害物质；二是材料的再生性，即材料能否循环使用的特性。

材料的环保性在某种程度上是可转化的动态概念，同一种材料由于受到内因或外因的作用，在某种状态下是环保的，但在一定状态下可能又是非环保的。拿目前最常用的天然材料木材与石材为例，木材本身的植物属性决定了材质的环保性，但大量滥伐森林的短视行为以及改变性质加入填充料的人造板材，却使木材使用的环保性质发生了变化。石材用于建筑外墙和用于室内就是两种概念，放射性物质含量的标准就成为石材是否环保的界限。

由于材料的环保逆转特征，在强调绿色设计、低碳设计的大环境下，我们一方面期待新型环保材料的不断出现，一方面要在现有材料的应用中尽可能地、因地制宜地选用符合环保概念的材料。比如，我们在设计中常用天然皮革、羊毛等，动物皮在加工过程中，有时会使用包括甲醛、煤焦油、染料和氰化物等有害物质。为了增加柔软和耐水性，皮革还要经过鞣制，产生含铬的废料。除此之外，皮革的生产过程中消耗大量的水和能源，经过鞣制后不能被生物降解，对环境也有很大危害。

显然，当前对材料的有害物质的认识已被人们广泛重视，消费者的维权意识也显著提高。使用含有污染物质的材料无疑会对环境产生极大危害，不仅损害了人们的身心健康和权益，更是严重影响了室内装饰设计行业的信誉。因此，必须从设计人员做起，做好材料选样这一重要环节的工作。虽然目前仍没有科学的证据表明，某种致命疾病的产生是由室内空气污染造成的，但提前预防空气污染超标，比事后追究责任更重要和更有效。

目前，室内装修污染物主要有以下几类：

甲醛、苯系物（苯、甲苯、二甲苯）、总挥发性有机化合物（TVOC）、游离甲苯二异氰酸酯（TDI）、氡、氨以及可溶性铅、镉、汞、砷等重金属元素。

甲醛是一种无色易溶的刺激性气体，经呼吸道吸入，可造成肝肺功能、免疫功能下降，其主要来源于人造板材、胶粘剂和涂料等，是可疑致癌物；苯系物为无色具有特殊芳香气味的气体，经皮肤接触和吸收引起中毒，会造成嗜睡、头痛、呕吐，主要来源于油漆稀料、防水涂料、乳胶漆等，也属于可疑致癌物；总挥发性有机化合物是常温下能够挥发成气体的各种有机化合物的统称，其主要气体成分有烷、烯、酯、醛等，刺激眼睛和呼吸道，伤害人的肝、肾、大脑和神经系统，主要来源于油漆、乳胶漆等；甲苯二异氰酸酯是具有强烈刺激性气味的有机化合物，对皮肤、眼睛和呼吸道有强烈刺激作用，长期接触或吸入高浓度的甲苯二异氰酸酯，可引起支气管炎、过敏性哮喘、肺炎、肺水肿等疾病，主要来源于聚氨酯涂料、塑胶跑道；可溶性重金属元素对人体神经、内脏系统会造成危害，尤其对儿童发育影响较大。因此，对含有诸如上述污染物的装饰板材、胶粘剂、油漆等材料，在选材时应充分重视，予以杜绝。

了解此方面的知识，可参见下列国家有关控制污染物的相关法规：

《室内空气质量标准》（2002年），该标准控制的是人们在正常活动情况下的室内环境质量，对空气中的物理性、化学性、生物性及放射性指标进行全面控制。

《民用建筑工程室内环境污染控制规范》（GB 50325—2010），其控制的是新建、扩建或改建的民用建筑装饰装修工程室内环境质量，主要对氡、游离甲醛、苯、氨、总挥发性有机物等五项污染物指标的浓度进行限制。

2002年实施的10种《室内装饰装修材料有害物质限量标准》控制的是造成室内环境污染的10种室内装饰装修材料中的有害物质限量。具体如下：

《室内装饰装修材料　人造板及其制品中甲醛释放限量》（GB 18580—2001）

《室内装饰装修材料　溶剂型木器涂料中有害物质限量》(GB 18581—2009)

《室内装饰装修材料　内墙涂料中有害物质限量》(GB 18582—2008)

《室内装饰装修材料　胶粘剂中有害物质限量》(GB 18583—2008)

《室内装饰装修材料　木家具中有害物质限量》(GB 18584—2001)

《室内装饰装修材料　壁纸中有害物质限量》(GB 18585—2001)

《室内装饰装修材料　聚氯乙烯卷材地板中有害物质限量》(GB 18586—2001)

《室内装饰装修材料　地毯、地毯衬垫及地毯胶粘剂有害物质释放限量》(GB 18587—2001)

《混凝土外加剂中释放氨的限量》(GB 18588—2001)

《建筑材料放射性核素限量》(GB 6566—2010)

不可否认,现在市场上还存在着虚假环保、概念环保的不健康现象,究其根本,其实都是市场中的欺骗行为和炒作行为,是对消费者和自己产品品质的严重不负责任。只有从最根本的材料入手、管理入手,进行严格控制、严格把关,才是解决问题的根本途径。

说到这里,有必要重申一点,就是对材料的绿色环保概念应以怎样的态度去理解?如何理解?我们现在是否有些草木皆兵之感?目前,石材中所含放射性元素也是人们关注的问题之一。我们就拿石材的放射性为例,可以说在自然界任何物质都含有放射性元素。就人的躯体而言,会时时刻刻受到外来射线的辐射,同时人体本身也不断地向外界发出一定数量、能量大小不一的射线。从这个道理就可见任何石材含有放射性物质是肯定的,也是正常的。毕竟石材来自于自然界,大可不必"谈石色变"。

那么石材中的放射性元素究竟有多少?石材中的放射性元素实际上与构筑我们生存环境如居住、办公建筑材料,以及生产建筑材料的原料所含放射性元素,其本质是一样的,应该说均为低剂量辐射,不大可能由于建材的放射性元素而在短期内导致各种癌症的发生。因为人体癌症的发生原因是非常复杂的,由于石材放射性的危害而直接导致不育或发生各种癌症的说法缺乏科学根据。那么放射性超标石材对人体是否会导致危害?如果放射性是高剂量的照射,肯定会对人体造成确定性效应的危害,而对于建材产品,石材产生的低剂量辐射,发生癌症的概率一般为十万分之几,这一危险度不比吸烟、坐汽车、乘飞机等危险度高。总体而言,绝大部分石材品种基本能满足装饰装修使用,其放射性水平也同一般其他材料相当。当然,有部分品种的石材,其放射性水平与标准要求相比偏高,这与石材取自的矿山有关,这类石材应慎用。因此,我们只要合理地选用石材,就可以避免给人体健康带来危害。

此外,还应指出的是,石材放射性的大小不完全是按颜色区分,主要与取自于矿山及化学构成有关,与石材的颜色并无直接关系。可能以前发现过某类颜色的石材产生的放射性超标,如红色系、棕色系的花岗石,人们就认为该类颜色的石材绝对不可使用,这样就有点以偏概全、一叶障目了。只是在选择、使用时应谨慎对待、认真检测。因此,对于石材的放射性对人体的危害要有正确的、科学的认识,但我们还是要强调执行标准的严肃性,国家推荐性标准《室内空气质量标准》(GB/T 18883—2002)是具有法规性的,应严格执行,可以说也是防止石材放射性危害人体的主要措施之一。很难想象,装修材料有害,室内环境恶劣,这些最基本的问题都解决不了,设计还从何谈起?是不是有点自作多情、一厢情愿?

4.3.2　材料防火要求

按现行国家标准《建筑材料燃烧性能分级方法》,可将内部装饰材料的燃烧性能分为四个等级:A 为不燃、B1 难燃、B2 可燃、B3 易燃。

按燃烧性能等级规定使用装饰材料

时，应注意以下几方面：

（1）A、B1、B2 级材料须按材料燃烧性能等级的规定要求，由专业检测机构检测确定，B3 级材料可不进行检测。

（2）安装在钢龙骨上的纸面石膏板，可作为 A 级材料使用。

（3）若胶合板表面涂覆一级饰面型防火涂料时，可作为 B1 级材料使用。

（4）单位重量小于 300g/m^2 的壁纸，若直接粘贴在 A 级基材上，可作为 B1 级材料使用。

（5）若采用不同装饰材料进行分层装饰时，材料的燃烧性能等级均应事先规定要求；复合型装饰材料应由专业检测机构进行整体测试并划分其燃烧等级。

（6）经过阻燃处理的各类装饰燃织物，可作为 B1 级材料使用。

不难查到材料防火相关具体规范，关键在设计时要树立防火意识，给予充分重视。

4.3.3 电气安装知识

作为设计师，了解一些有关电气方面的知识还是有一定必要的，尤其对于"家装"。而所谓景观设计或"公装"由于空间较大，功能较复杂，则需要电气专业人员进行配合完成。

（1）电气、电料的规格、型号应符合设计要求和国家现行电气产品标准的有关规定。

（2）暗线敷设必须配管，若管线长度超过 15m 或两个直角弯时，应增设接线盒。

（3）同一回路电线应穿入同一根管内，但总根数不得超过 8 根。

（4）电源线与通信线不得穿入同一根管内。

（5）电源线、插座与电视线、插座的水平间距不应小于 500mm。

（6）电线与暖气、热水、煤气管之间的平行距离不应小于 300mm，交叉距离不应小于 100mm。

（7）穿管电线的接头应设在接线盒内，接头搭接应牢固，绝缘带包缠应均匀紧密。

（8）安装电源插座时，面向插座的左侧应接零线（N），右侧应接相线（L），中间上方应接保护地线（PE）。

（9）原则上同一室内的电源、电话、电视等插座面板应在同一水平标高上，高差应小于 5mm。

（10）原则上电源插座底边距地宜为 300mm，开关面板底边距地宜为 1400mm。

（11）厨房、卫浴应安装防溅插座，开关宜安装在门外开启侧的墙体上。

4.3.4 常用材料及设备电气图例

在绘制施工图中，如何较为准确地表达设计创意和空间构造，是施工图设计的主要环节。通常，空间的细部构造和界面的细部处理最能体现设计能否传达得准确、到位，这也是绘制施工图的重点之一。

我们应该认识到，材料、设备、电气是室内设计和施工图设计的重点表现对象及专业配合对象，对它们准确的图纸表现也就显得尤为关键。因此，材料、设备及电气方面规范化的图示表达成为施工图绘制的重要环节。

当然，材料及设备电气图例只是一种较为规范化的表达符号，使用过程中有时还需要通过附以文字说明，使其表达更加准确、到位。应该强调的是，文字的作用也同样重要（表 4-4、表 4-5）。

常用材料剖切图例　　　　　　　　　表 4-4

序号	名称	图例	说明
01	天然石材、人造石材		须有文字注明石材品种和厚度
02	金属		包括各种金属
03	隔声纤维物		包括矿棉、岩棉、麻丝、玻璃棉、木丝棉、纤维板等

序号	名称	图例	说明
04	混凝土		
05	钢筋混凝土		
06	砌块砖		
07	地毯		包括各种地毯
08	细木工板（大芯板）		应注明厚度
09	木夹板		包括 3mm 厚、5mm 厚、9mm 厚、12mm 厚的夹板等
10	石膏板		包括 9.0mm 厚、12mm 厚的各种纸面石膏板
11	木材		经过加工作为饰面的实木
12	木龙骨		作为隐蔽工程使用，一般应注明规格
13	软包		应注明厚度尺寸及外包材质
14	玻璃或镜面		包括普通玻璃、钢化玻璃、有机玻璃、艺术玻璃、特种玻璃及镜面等
15	基层抹灰		本图例采用较稀的点
16	防水材料		构造层次较多或大比例时，采用此图例
17	饰面砖		包括墙地砖、马赛克、陶瓷锦砖等。使用比例较大时，可采用此图例

常用设备及电气图例　　　　　　　　　　　表 4-5

名称	图例	名称	图例
圆形散流器		条形回风口	
方形散流器		排气扇	
		烟感	Ⓢ
剖面送风口		温感	
剖面回风口		喷淋	
条型送风口		扬声器	

名称	图例	名称	图例
单控开关		射灯	
双控开关		轨道射灯	
普通五孔插座		壁灯	
地面插座		防水灯	
防水插座		吸顶灯	
空调插座	A/C	花式吊灯	
电话插座	TP	单管格栅灯	
电视插座	TV	双管格栅灯	
		三管格栅灯	
信息插孔	TD	暗藏日光灯管	
筒灯		烘手器	

4.3.5 施工图制图规范注意事项

在施工图设计中，应遵循制图标准，保证制图质量，做到图面清晰、准确，符合设计、施工、存档的要求，以适应工程建设的需要。

施工图绘制的图纸规范要求应在以下各方面予以注意：

（1）图纸幅面规格；

（2）标题栏与会签栏；

（3）图线的粗细及含义；

（4）字体；

（5）比例；

（6）符号（如剖切符号、索引符号、详图符号、作为文字说明的引出线及标高符号等）；

（7）尺寸标注（如尺寸的尺寸界线、尺寸线、起止符号、数字等）。

4.3.6 建筑面积计算方法

在施工图设计过程中甚至在方案设计前期，我们不可避免地会经常遇到计算建筑面积的情况，这是一个设计师在设计工作中很难回避的基础性、常识性技术问题。我们或许对一些较为简单建筑的面积计算有一定把握，计算起来也得心应手，但面对一些较为特殊的建筑空间或部位，可能就会有些困难，感觉概念不够清晰。因此，在这里有必要对建筑面积的计算规则作一下系统介绍，以免在设计中出现不应有的、甚至是原则性的错误。

4.3.6.1 建筑面积的基本概念

建筑面积是建筑物各层面积之和。

建筑面积包含使用面积、结构面积及辅助面积。

4.3.6.2　建筑面积的计算方法

1. 应计算建筑面积的范围

（1）单层建筑物不论其高度有多少，均按一层计算，建筑面积按建筑物外墙勒脚以上的外围水平面积计算。单层建筑物内若带有部分楼层者，也应计算建筑面积。

（2）多层建筑物的建筑面积按各层建筑面积的总和计算，每层建筑面积按建筑物外墙外围的水平面积计算。

（3）地下室、半地下室等及附属建筑物外墙有出入口的（沉降缝为界限）建筑物，按其上口外墙（不含采光井及其保护墙）外围水平面积计算。

（4）采用深基础做地下架空层并加以利用，层高超过2.2m者，按架空层外墙外围的水平面积的一半计算建筑面积。

（5）坡地建筑物利用吊脚做架空层加以利用，有围护结构，并且层高超过2.2m者，按其围护结构外围水平面积计算建筑面积。

（6）穿越建筑物的通道、建筑物内部的门厅、中庭，不论其高度如何，均按一层建筑计算建筑面积；门厅、中庭回廊部分，按其水平投影面积计算建筑面积。

（7）电梯井、垃圾道、管道井、排烟井等，均按建筑物自然层计算建筑面积。

（8）建筑物内的技术层，层高超过2.2m的，按技术层外围水平面积计算建筑面积。技术层高虽不超过2.2m，但若从中分隔出来作为办公、库房等，应按分隔出来的使用部分外围水平面积计算建筑面积。

（9）有柱雨棚按柱外围水平面积计算建筑面积；独立柱的雨棚，按顶盖的水平投影面积的一半计算建筑面积。

（10）有柱的车棚、货棚、站台等，按柱外围水平面积计算建筑面积；单排柱、独立柱的车棚、货棚、站台等，按顶盖的水平投影面积的一半计算建筑面积。

（11）封闭式阳台、挑廊，按其水平投影面积计算建筑面积；若阳台不封闭，按其水平投影面积的一半计算建筑面积。

凹阳台按其阳台净空面积（含护栏）的一半计算建筑面积。

（12）建筑物墙外有顶盖和柱的走廊、檐廊，按柱的外边线水平面积计算建筑面积；无柱的走廊、檐廊，按投影面积的一半计算建筑面积。

（13）两个建筑物之间有顶盖（有围护结构）的架空走廊，按其投影面积计算建筑面积；无顶盖（无围护结构）的架空走廊，按其投影面积的一半计算建筑面积。

（14）突出墙面的门斗等，按其围护结构外围水平面积计算建筑面积。

（15）突出屋面的有围护结构的楼梯间、电梯机房、水箱间等，按其围护结构外围水平面积计算建筑面积。

（16）舞台灯光控制室，按其围护结构外围水平面积乘以实际层数计算建筑面积。

（17）图书馆的书库，有书架层的按书架层计算建筑面积，无书架层的按自然层计算建筑面积。

（18）各种变形缝、沉降缝及抗震缝（宽度300mm以内），应分层计算建筑面积。

（19）建筑物内部无楼梯，设室外楼梯（含疏散梯）作为主要交通（或疏散）的，其室外楼梯按每层水平投影面积计算建筑面积；室内有楼梯并且同时也设室外楼梯（含疏散梯）的，其室外楼梯按每层水平投影面积的一半计算建筑面积。

2. 不计算建筑面积的范围

（1）突出墙面的艺术装饰、构件等，如柱、垛、勒脚、台阶、无柱雨棚等。

（2）单层建筑物内分隔的操作间、控制室、仪表间等单层用房。

（3）住宅的首层平台（不含挑平台）、层高在2.2m以下的设备层及技术层。

（4）层高小于2.2m的深基础架空层，坡地建筑物吊脚架空层。

（5）无围护结构的屋顶水箱间，布景的天桥、挑台。

（6）建筑物内外的操作平台、上料平台等。

（7）宽度在 300mm 以上的抗震缝，有伸缩缝的靠墙烟囱、构筑物，如独立烟囱、烟道。

（8）水塔、油罐、蓄水池等。

4.4　施工图预算

4.4.1　工程预算的基本概念及分类

工程预算是指在执行基本建设程序过程中，根据不同阶段的室内装饰装修或景观园林工程设计文件的内容和国家规定的装饰装修工程定额、各项费用的取费标准及装饰装修材料预算价格等资料，预先计算和确定装饰装修工程所需要的全部投资额。我们平时对"预算"这个词可能不会感到陌生，但对于室内或景观工程来说，"预算"的概念是多层次的，施工图预算应是一个相对较为重要的概念。必须把这些不同层次的概念搞清楚，否则就有可能"浮光掠影"、一知半解。

根据建设阶段和编制依据的不同进行分类。

1. 工程估算

根据设计任务书规定的工程规模，依照概算指标所确定的工程投资额等经济指标，称之为工程估算。工程估算是设计或计划任务书的主要内容之一，也是项目审批或工程立项的主要依据之一。目前，我们对一些小型工程大多按单位每平方米大致估算其造价。

2. 设计概算

设计概算是指在初步设计阶段，由设计单位根据初步设计图纸、概算定额或概算指标、各项费用定额或取费标准等资料，预先计算和确定装饰装修工程的费用。

设计概算是控制建设总投资、编制工程计划的依据；也是确定工程最高投资限额的依据；是项目贷款的依据和银行办理拨款的依据；是控制施工图预算造价的标准，施工图预算造价应控制在概算范围内。

设计概算文件是设计文件的重要组成部分，包括单项工程概算、项目总概算及相应种类的设计概算。工程项目招标投标标底必须以设计概算为准。

3. 施工图预算

施工图预算是指在施工图设计完成时，由设计单位根据施工图计算的工程量、施工组织设计和国家（或地方）规定的现行预算定额、各项费用定额（或取费标准）及价格等有关资料，预先计算和确定装饰装修工程的费用。

施工图预算是确定工程造价的直接依据，是施工合同的主要依据；是施工单位编制施工计划的依据；是拨款、贷款和工程结算（决算）的依据；也是工程施工的法律文件。

施工图预算是施工招标投标的重要依据。均以施工图预算为依据来编制标底，进行开标和决标。

施工图预算造价应控制在概算范围内，是概算总投资的组成部分。

4. 施工预算

施工预算是由施工单位内部编制的，指施工单位在施工图预算的控制下，根据施工图计算的工程量、施工定额、施工组织设计等资料，预先计算和确定完成工程所需的人工、材料、机械消耗量及其相应费用的计划性文件。

施工预算是签发施工任务单、领料、定额包干、实行按劳分配的依据。主要包括工料分析、构件加工、材料消耗量、机械等分析计算资料。

5. 竣工决算

工程竣工后，根据施工实际完成情况，按照施工图预算的规定和编制方法所编制的工程施工实际造价以及各项费用的经济文件，称之为竣工决算。它反映着竣工项目实际造价和投资效果，是竣工验收报告的重要组成部分，是办理交付使用验收的依据，也是最终的付款凭证。经建设单位和银行审核后方可生效。

设计概算、施工图预算、施工预算是装饰装修工程预算的三个重要组成部分。

4.4.2　施工图预算与设计概算的区别

1. 编制依据不同

设计概算主要以初步设计、概算定额或概算指标等为依据。

施工图预算主要以施工图、预算定额和单位估价表、施工组织设计、图纸会审资料等为依据。

2. 包含内容不同

施工图预算的内容主要包括施工工程费用及安装工程费用。

设计概算的内容除上述两项费用之外，还包括与整个工程有关的设备费用、家具、陈设等费用。

4.4.3 施工图预算与施工预算的区别

1. 编制依据不同

施工预算的编制是以施工定额为主要依据。

施工图预算的编制则是以预算定额及单位估价表为主要依据。

2. 使用范围不同

施工预算是施工单位内部的文件，与建设单位（甲方）无直接关系。

施工图预算均适用于甲、乙方，双方结算时也均需要施工图预算。

4.4.4 其他相关基本概念

工程预算的对象是有针对性的，这里有必要对一些相关概念作以下阐述：

（1）建设项目的概念：指具有计划任务书和总体设计、经济独立核算并具有独立组织形式的基本建设单位。一般以一个独立工程作为一个建设项目。项目分期、分段建设时，仍作为一个项目，而非几个建设项目。

一个建设项目可有一个或几个单项工程。

（2）单项工程的概念：也可称之为工程项目。是具有独立的设计文件，竣工后可独立发挥其功能效应的一个完整工程，是建设项目的组成部分。如学校的教学楼、图书馆、宿舍等，均属于具体的单项工程。

单项工程由许多单位工程组成。

（3）单位工程的概念：指具有独立设计、可以独立组织施工的工程。它是单项工程的组成部分。

一个单项工程按其构成，可包括土建工程、幕墙工程、电气（强弱电）工程、空调工程、照明工程、内装修工程、绿化工程及其他设备安装工程等单位工程。

每个单位工程又由许多分部工程组成。

（4）分部工程的概念：它是单位工程的组成部分。如地面、墙面、吊顶、门窗等，每一部分都是由不同工种、不同材料、不同工具共同协作完成的，均称为分部工程。

分部工程又按不同的施工方法、不同材料、不同规格等，可分成若干分项工程。

（5）分项工程的概念：分项工程一般通过具体的施工过程均可完成，但并无独立存在的意义，只是一种基本的构成要素。如墙面的局部木饰面施工、龙骨施工、软包施工、油漆施工等，可以明确计算其施工或安装的单位工程造价。

4.4.5 工程费用组成

1. 工程定额的概念

定额指为完成装饰装修或景观园林工程，消耗在单位基本分项工程上的人工、材料、机械的数量标准与费用额度；是根据国家或地方颁布的统一预算定额规定的消耗量及其单价，以及配套的取费标准和材料预算价格，计算出相应的工程数量，套用相应的定额单价计算出定额直接费，再在直接费的基础上计算各种相关费用及利润和税金，最后形成的价格。

定额计价是根据国家标准，一般各地方都有不同的定额计价手册，也就是按第三方标准数据确认的价格。定额不仅规定了数据，还规定了内容、质量及安全要求。定额实际上是对工程量进行具体量化标准的体现。可见，工程定额具有统一性和时效性；工程定额具有法规性和强制性；工程定额具有科学性。

2. 预算定额基价

预算定额基价由人工费、材料费、机械费组成。

预算定额基价是编制工程预算造价的基本依据，是完成单位分项工程所投入费用的标准数值。

- 人工费＝定额合计用量×定额日工资标准
- 材料费＝∑(定额材料用量×材料预算价格)
- 机械费＝∑(定额机械台班用量×台班使用费)

3. 装饰装修工程费用构成

- 定额直接费①＝人工费②＋材料费③＋机械使用费④
- 现场管理费⑤＝临时设施费⑥＋现场经费⑦(属于工程直接费)

临时设施费是指施工单位为进行工程施工所必须的生产和生活用临时设施费用。主要包括临时宿舍、库房、办公室、加工车间及现场施工水、电管线，为保证文明施工、现场安全和环境保护所采取的必要措施等。

现场经费是指施工单位的项目经理部组织施工过程中所发生的费用。包括行政、技术、保安等工作及服务人员的工资、保险、津贴，以及现场人员的工资附加费、办公费、差旅费、劳保费，对材料、构件进行鉴定、试验的检验试验费等。

- 工程直接费⑧＝定额直接费①＋临时设施费⑥＋现场经费⑦
- 临时设施费⑥＝人工费②×费率(分装饰工程或安装工程)
- 现场经费⑦＝人工费②×费率
- 企业管理费⑨＝人工费②×费率

企业管理费实际上是指施工单位行政管理部门日常为管理和组织经营活动而发生的费用。

- 利润⑩＝(工程直接费⑧＋企业管理费⑨)×费率(7%)
- 税金⑪＝(工程直接费⑧＋企业管理费⑨＋利润⑩)×3.4%

税金指计入工程造价的营业税、城市维护建设税、教育附加费等。

注：上述费率参照 2002 年 4 月 1 日执行的《北京市建设工程费用定额》，与 2001 年的《北京市建设工程预算定额》配套使用。

- 装饰装修工程造价＝工程直接费⑧＋企业管理费⑨＋利润⑩＋税金⑪

应当说明的是，这里介绍的只是有关工程预算的基本知识，实际上具体操作起来比我们想象的要复杂，好在当今 IT 行业发展比较迅猛，可以借助预算软件为我们带来工作上的便捷。我们了解工程预算的有关知识，也不可能将来像专业预算员那样以此作为职业，毕竟设计才是我们的主业。这里只是为了让大家对预算造价有一个感性认识，对其相关的基本概念有一个粗浅了解，在自己设计时不至于对装饰装修工程造价方面的内容一无所知，连对自己设计的工程大致花多少钱也一片茫然。

需要说明的是，目前也有不少项目是以工程量清单进行报价的。

工程量清单计价是由招标方给出工程量，投标方根据工程量清单组合分部分项工程综合单价，并计算出分部分项工程的费用，再计算出税金，最后汇总成总造价。工程量清单计价是合同双方协商规定好了的价格。工程量清单可以自主报价，体现了市场经济的竞争性与合理性。而定额预算则是国家计划经济的产物，似乎有些不合时宜。这里暂不赘述。

4.5　竣工图绘制

竣工图是正规、严谨的室内装饰工程设计的重要环节，是工程竣工资料中不可或缺的重要组成部分，也是工程完成后的主要凭证性技术资料，更是工程竣工验收结算的必备条件和维修、管理的主要依据。

因此，竣工图的绘制也是设计人员需要掌握的一项基本内容。

4.5.1　绘制竣工图的意义

我们知道，室内工程和景观工程的施工是依照施工图来进行的，而施工图最原始的底图一般是画在硫酸纸上或储存在电脑硬盘里。施工现场使用的施工图是用硫酸纸晒出或打印出来的若干套图纸。

施工期间，施工方按施工图要求进行施工。此过程中难免会出现由于各种原因产生的修改和变更、增项或减项。因此，当施工竣工后，必须留下根据工程的变更、修改或增减项形成的技术资料，以备工程完成后结算以及将来使用中维修、管理之需。这份在原施工图的基础上而产生的图纸，即是竣工图。

当然，若在施工过程中未发生设计变更、工程增减项，完全按施工图进行施工，可直接将原施工图的新图加盖竣工图章后作为竣工图。

4.5.2 竣工图画法的类型

原则上竣工图一般可分为三种：利用原施工蓝图改绘后形成的竣工图；在二底图上修改产生的竣工图；重新绘制的竣工图。

上述三种类型的竣工图，目前最好的方法，还是采用重新绘制竣工图较为常见。由于电脑在设计行业的广泛使用，传统意义上的依靠绘图工具进行手绘施工图或竣工图的办法已经与时代发展和工程施工的要求不再相适应，显得颇为落伍。况且，发挥电脑便于修改的优势，可以更快捷地在储存的原施工图文件基础上进行修改、调整。因此，利用电脑重新绘制竣工图，应是当下常用的有效方法。

这里重点介绍的，还是以电脑为手段，重新绘制竣工图的方法。虽然图纸量大，但借助于电脑，工作量也并非想象的那么可怕，重要的是能保证图纸质量。

4.5.3 竣工图绘制的依据

1. 原施工图

它是竣工图绘制的重要依据之一。再说直白些，竣工图就是将原施工图根据竣工的真实状况修改后，形成的更接近真实的施工图。如果某些原施工图没有改动的地方，也可以理解成，按施工图施工而没有任何变更的图纸，即可转作竣工图，并加盖竣工图章。

2. 洽商记录

洽商记录贯穿于整个施工全过程，其主要作用是确定工作量，并为竣工图绘制提供依据。应根据洽商的内容，如门窗型号的改变、某些材料的变化、灯具开关型号的调整及设备配置位置的变化等，对原施工图进行改绘。

3. 设计变更

在施工过程中，有可能会出现设计上诸如尺寸的变化、造型的改变、色彩的调整等情况，这时，就需要在竣工图上体现出来。

4. 工程增减项

有些工程会有增加或减少某些小项的可能，比如增加某几个原本不属于该工程的项目，或者减少某些原属于此工程的施工。这些都会引起工程造价的变化。通过竣工图，补充或减少因增减项牵涉到设计方面的部分图纸。

这里需要重点强调的是，上述若干依据的罗列，只是为了让大家感觉条理清晰而已，实际上，无论是设计变更还是工程的增减项，都要通过洽商的形式体现出来。严格意义上说，施工中每次洽商记录上应有监理或甲方、施工方、设计方等签字认可。

4.5.4 竣工图文件的具体要求

（1）竣工图文件应具有明显的"竣工图"字样，并包括编制单位名称、制图人、审核人、技术负责人和编制日期等内容。

（2）竣工图签（章）是竣工图的标志和依据，图纸出现竣工图签（章），修改后的原施工图就转化为竣工图，编制单位名称、制图人、审核人、技术负责人应对本竣工图负责。

（3）重新绘制的竣工图应在图纸的右下角绘制竣工图签，封面、图纸目录可不出现竣工图签；用蓝图或二底图改绘的竣工图及封面、图纸目录，应在图纸的右上角加盖竣工图章。

（4）原施工图中作废的、修改的、增补的图纸，均要在原施工图的图纸目录上重新调整，使之转化为竣工图目录。

（5）一套完整的竣工图绘制后，应作为竣工资料提交给监理或甲方，以便竣工验收和存档。

由于重新绘制的竣工图是在原施工图的基础上调整、修改的结果，因此也应该同时要求原施工图内容完整无误，以利相互比较。

4.5.5　竣工图绘制的注意事项

（1）绘制竣工图应按制图规范和要求进行，必须参照原施工图和专业的统一图例，不得出现与原施工图图示不符的表达方法。

（2）按原施工图施工而没有任何变更的图纸，可直接作为竣工图。但需在图纸右下角使用竣工图图签。

（3）如果有一些数字、文字以及变化不太大的、不影响比例关系的尺寸变更，可在电脑上将原施工图变动处直接修改。

（4）如果原施工图改动较大，或在原位置上改绘比较困难，应重新绘制该张图纸的竣工图。

（5）如果有新增补的洽商图，应按正规设计图纸要求绘制，注明新增的图名、图号，并在图纸目录上增列出图名、图号。

（6）某些洽商可能会引起图纸的一系列变化，凡涉及的图纸和部位、尺寸，均应按规定修改，不能只改一处而不改其他地方。这方面还特别容易出现问题，例如一个标高的变动，可能会牵涉平、立、剖面及局部大样，均要改正，别怕麻烦。

根据洽商内容、设计变更重新绘制的竣工图，一般应通过制图的方法表达其内容。如果仍不能表示清楚，可用精练的规范用语在图纸上反映洽商内容。比如装饰材料的变更，在图纸上只能以文字的形式说明其变更。

总之，竣工图的绘制与施工图绘制尽管存在许多相同之处，但二者作用仍不同，性质也不同。施工图绘制是为了更具体地体现设计创作的构思，使设计能通过施工图以及施工得以实施；而竣工图则是结合设计变更、洽商记录等，对施工图作进一步修改、调整、增减后形成的工程竣工资料。

竣工图绘制除要掌握基本的制图方法和构造知识外，还应了解有关竣工资料方面的知识，尤其对工程洽商记录、设计变更等资料的掌握，是竣工图绘制能否真实、全面反映竣工效果的关键所在。因此，画好竣工图，会涉及有关制图、构造、设备等技术知识，以及施工监理、工程验收等方面的知识。实际上，如果你对施工图绘制有了一定基础，再充实些相关的技术、管理等知识，那么对于竣工图的绘制就应该不会遇到多大困难和阻力。

参 考 文 献

［1］ 中国建筑学会室内设计分会编. 全国室内建筑师资格考试培训教材［M］. 北京：中国建筑工业出版社，2003.

［2］ 中国建筑工业出版社编. 建筑装饰装修行业最新标准法规汇编［M］. 北京：中国建筑工业出版社，2002.

［3］ 郑曙阳著. 室内设计思维与方法［M］. 北京：中国建筑工业出版社，2003.

［4］ 郑曙阳编著. 室内设计程序［M］. 北京：中国建筑工业出版社，1999.

［5］ 李朝阳编著. 材料与施工技术［M］. 北京：中央广播电视大学出版社，2011.

［6］ 李朝阳编著. 室内空间设计［M］. 第三版. 北京：中国建筑工业出版社，2011.

［7］ 陈振海，陈琪编著. 施工现场专业配合及管理百问［M］. 北京：中国建筑工业出版社，2001.

［8］ 张剑敏，马怡红等编. 建筑装饰构造［M］. 北京：中国建筑工业出版社，1995.

［9］ 任玉峰，刘金昌主编. 建筑装饰工程预算与投标报价［M］. 北京：中国建筑工业出版社，1993.

［10］ 陈晋楚. 建筑装饰工程的开工管理和竣工管理［M］. 2003 年首届全国建筑装饰行业优秀科技论文集. 北京：中国建筑装饰协会，2003.

［11］ 刘宇青. 建筑室内设计施工图水平的提高及能力培养［M］. 2003 年首届全国建筑装饰行业优秀科技论文集. 北京：中国建筑装饰协会，2003.

［12］ 中国室内装饰协会室内环境检测中心，宋广生编. 室内环境污染防治指南［M］. 北京：机械工业出版社，2004.

［13］ （美）约翰·O·西蒙兹. 景观设计学——场地规划与设计手册［M］. 北京：中国建筑工业出版社，2000.

［14］ 郑曙旸编著. 景观设计［M］. 杭州：中国美术学院出版社，2002.

［15］ 俞孔坚，李迪华著. 景观设计未来学科与教育［M］. 北京：中国建筑工业出版社，2006.

［16］ 李开然编著. 景观设计基础［M］. 上海：上海人民美术出版社，2006.

［17］ 何依编著. 中国当代小城镇规划精品集［M］. 北京：中国建筑工业出版社，2003.

［18］ 黄文宪编著. 现代实际基础教材丛书——景观设计［M］. 南宁：广西美术出版社，2003.

［19］ 潘雷编著. 景观设计 CAD 图块资料集［M］. 北京：中国电力出版社，2006.

［20］ 筑龙网组编. 园林景观设计 CAD 图集（一）［M］. 武汉：华中科技大学出版社，2007.

［21］ （日）丰田幸夫著. 风景建筑小品设计图集［M］. 北京：中国建筑工业出版社，1999.

［22］ 上海市园林绿化行业协会. 风景园林工程设计文件编制深度规定［Z］. 2007.

后　　记

中国的环境艺术设计正面临着流水化作业的冲击，设计创意常常被淹没在庸俗的喧闹中。其实就学术范畴来讲，环境艺术设计应算作一个热闹的专业、清冷的事业，很难成为寂寞中的独语，也更难有远离喧嚣的清雅。因而设计也越发不具有个性。

我们知道，环境艺术设计是一个系统化、综合性较强的专业门类，它涵盖了诸多相关专业学科，技术与艺术、理性与感性共同交织在一起，构成一个较为庞大的专业体系。因此，不能回避设计中一些技术性的问题。似乎一沾上技术的边，好像就会与所谓的艺术创新产生冲突，无法调和。其实技术和艺术结合得特别紧密，很多时候设计创意都是由技术引发而来的，技术比艺术在一定情况下更具有前卫性。现在不少所谓的前卫性设计，其使用的技术手段和处理手法大多相当粗糙，存在着诸多不合理因素。显然，设计思想离不开技术的支持和图像表达的支撑，因为在设计过程中，如果不具备对相关设计知识的驾驭能力，不注重设计过程的逻辑推理，可能就会无意识地回避很多问题，结果使设计很难经得起推敲，最后可能连功能问题都解决不了。当然，这里需要强调，技术固然重要，但并不意味着技术至上，核心问题还是希望大家通过技术环节来建立起对设计系统完整认识的逻辑关系。

因此，室内外细部构造与施工图设计作为该专业中一门似乎很难吸引人的眼球，但又无法回避的基础知识，希冀得到应有的重视。也似乎可以肯定，对细部构造与施工图设计若缺乏基本的了解和掌握，没有一个较为清晰的思维"路线图"，可能会对我们所构想的设计之梦带来一定的障碍。因此，本书在编写过程中力图强调基础性与前瞻性相结合，理性知识与形象解读相融合；既强调室内外细部处理的重要性，又观照设计的整体意识；既强调实用性、针对性，也要阐明其设计思想；既要涵盖需要掌握的知识点，又要强调设计思维的逻辑关系。如此，方能使本书的内容范围、结构体系定位明确，并尽量具备可读性、趣味性，以期通过本书更好地与市场衔接，提高读者在设计过程中发现问题、解决问题的能力。但本书的内容和特点注定其不可能走得太远，不敢过于偏离常态的模式，因此缺点、错误在所难免，还望得到批评指正。

本书在编写过程中，出版社张晶先生给予了鼎立配合和指导，并得到了赵颖、周丽霞、陈燨、杨艳、苏婷、曹军、王伟、沙伶韶、陈珏、张凯、王大鹏等同学的大力协助，在此一并致谢。

2012 年 8 月于北京清华园

彩图 1　水立方

彩图 2　蓝天白云效果的营造并非需要奢华的材料

彩图 3　简洁的空间界面展现的是木质材料的美感

彩图 4　不锈钢管组合而成的外立面晶莹剔透，质感强烈

彩图 5　墙面材料的肌理美使卫生间朴素而大气

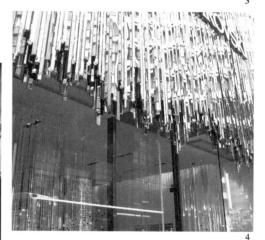

6

彩图 6　界面形态通过不同的材质展现各自的细部
　　　　表情

7

彩图 7　镜面的使用既扩大了空间感，又突出了
　　　　装饰艺术品

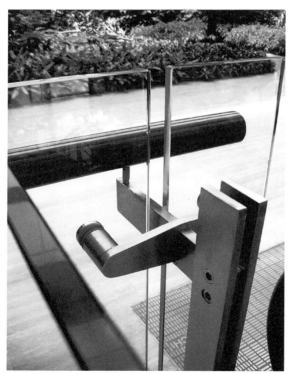

8

彩图 8　玻璃、不锈钢与木扶手的结合，更显示出
　　　　细部节点的工艺及造型之重要

9

彩图 9　墙面形式变化有时与空间的使用功能密切
　　　　相关

10

11

12

13

彩图 10～彩图 13　南非太阳城皇宫酒店（一）

135

14

15

16

彩图 14～彩图 16　南非太阳城皇宫酒店（二）

17

彩图17　小便斗与冰块的组合不仅仅带来细部的变化，同样具有一定的功能作用

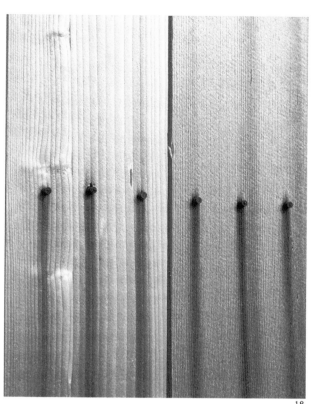

18

彩图18　钉子形成的锈痕在这里构不成瑕疵，反而颇具动态意味

19

彩图19　钉子在木质墙体上形成的锈痕带有一定的时空观念

彩图 20　清水混凝土饰面的教堂空间纯净而自然　　　　彩图 21　光影与形体的有机统一使星条旗颇具抽象意味

彩图 22　墙地面的皮革质感预示着瓷砖产品的发展越来越丰富

彩图 23　传统民居的小青瓦被赋予新的诠释和生命力

彩图 24　环境、材质和尺度的变化会使卫浴空间常用的吸拔工具酷似女神奖杯

25

26

27

28

29

彩图 25　通过玻璃夹合的透光石片丰富了界面的层次感

彩图 26　不同材质的巧妙组合使界面简洁而细腻

彩图 27　由不同材质形成的廊桥充满前卫气息

彩图 28　地砖、木材、玻璃、金属等使界面丰富而颇
　　　　　具秩序感

彩图 29　空间形态通过不同材质达到和谐统一

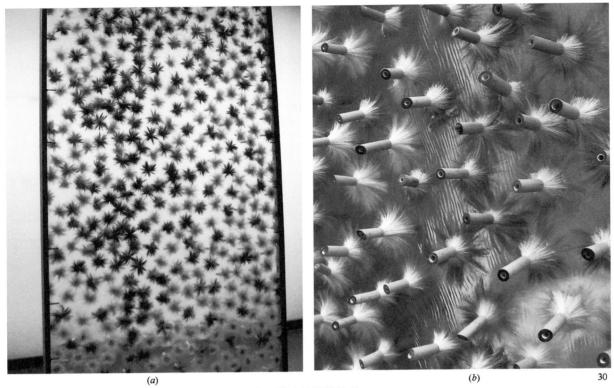

(a)　　*(b)*　　30

彩图 30　司空见惯的毛笔头与树脂的组合，形成了特殊的视觉效果

31　　　　　　32

33

彩图 31　电气设备管线在装修时均应提前进行预埋敷设　　彩图 32、彩图 33　传统铸铁散热器同样具有特殊的美感

34

35

彩图34　通风管道占据着大量的顶部空间，因此吊顶标高的确定不应忽视其存在

彩图35　顶部的梁、风管、风机盘管及水管等都是影响顶界面造型和标高的重要因素

彩图36　玻璃顶下方的水平带状风口与空间界面整合为一有机整体

彩图37　空调管道的强势出现影响着空间的整体风格

36

37

彩图 38　倾斜的顶面与梁柱的结合，主宰了空间的整体形态

彩图 39　粗犷的结构构件在空间中具有强烈的视觉张力

彩图 40　朴素的结构形式透露出隐隐的历史感和人文气息

彩图 41　金属结构以一定的秩序进行组合，具有较强的装饰意味

彩图 42　鸟巢的钢结构使空间恢弘且颇具个性

彩图 43　法国蓬皮杜中心建筑充分展现了结构要素的
　　　　 美学特征
彩图 44　玻璃与金属使空间形态富有动感和层次
彩图 45　室内空间反映的是建筑结构关系且富有体量感
彩图 46　朴素的混凝土结构彰显出大气与永恒

彩图 47 大尺度的水立方外立面使人印象深刻

彩图 48 青瓦的使用在这里并不违反原则

彩图 50 不同材质组合的地面简洁而细腻

彩图 49 石材的不同组合和色彩搭配使地面具有一定的视觉张力

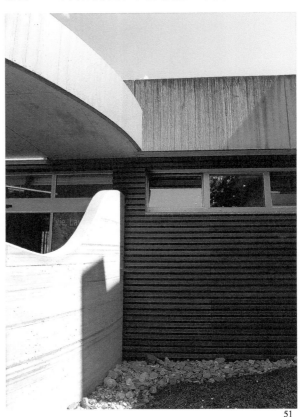

彩图 51 朴素的墙体界面运用了多种材料语言

144

52

54

53

彩图 52　墙面不同材质的组合搭配既有功能性又有装饰性

彩图 53　对竖向界面的通透处理使空间富有层次感并颇具
　　　　人文气息

彩图 54　墙面的玻璃砖与顶棚的铝格栅采用相同的造型语
　　　　言使空间完整而细腻

彩图 55　起伏的空间界面诠释了全新的造型语言和设计
　　　　理念

55

56

彩图 56　装饰隔断既划分了空间又保证了空间的完整性

58

彩图 58　玻璃材质构成的界面轻盈而富有韵味

59

彩图 59　界面的处理需有合理的细部构造作为技术保障

57

彩图 57　朴素的灰砖贴面丰富了界面的层次

60

彩图 60　咖啡厅通透的玻璃墙面使红墙成为空间的重要元素

146

61

彩图 61　简洁的界面也带有一定的细部处理

62

彩图 62　上海世博会法国馆的外立面构架限定出虚拟的空间界限

63

彩图 63　颇具装饰意味的构件围合成立体的虚拟空间

64

彩图 64　顶棚的特殊处理使室内具有室外环境的效果

彩图 65　顶界面的特殊形态使地铁空间个性十足

彩图 66　墙面的装饰照明营造出温馨的空间情调

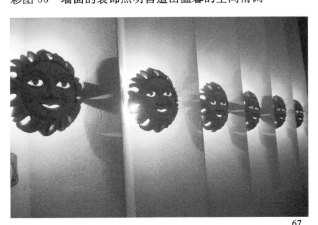

彩图 67　朴素的材质和柔和的灯光处理同样可以形成
　　　　　良好的界面效果

彩图 68　照明的重点处理使材质得到充分显现

彩图 69　柱子的界面处理反映的是细部的构造特征

70

71

彩图 70　小小的封条能使门得到新的解读，其折射出的　　彩图 71　中西合璧的门脸带给我们的是时代的变迁
　　　　　是"非典"时期的特殊景观

72

彩图 72　门窗形式彰显出鲜明的异域特色

彩图 73　拱形门洞与采光顶强化了空间语言的仪式感　　　　彩图 74　圆窗洞的大尺度实际上响应了空间整体的需要

彩图 75　隔断装饰墙带有鲜明的上海地域特色

150

彩图 76 传统意义上的楼梯带有强烈的细部装饰语汇

77

彩图 77 装饰纹样使旋转楼梯具有鲜明的律动感

78

79

彩图 78 楼梯的材质虽面熟但细部处理却颇具新意

彩图 79 坡道也是联系和划分空间的基本要素之一

80

82

81

彩图80　玻璃与灯光的结合使楼梯造型洗练而时尚
彩图81　栏杆扶手的多样化处理使"以人为本"落实到实处
彩图82　弧形玻璃楼梯护栏具有一定的雕塑感
彩图83　室外台阶在满足功能的同时，又与环境形成统一

83

84

85

86

87

88

彩图 84　圆形服务台使马赛克材质与墙体相互呼应

彩图 85　通过卫生间洗手台的构造看出，角钢骨架同样可以
　　　　做成弧形处理

彩图 86　固定的透光云石吧台形成空间的视觉中心

彩图 87　亭子与廊架均是不同构造形成的固定配置

彩图 88　廊桥以不同的构造形式实现有机融合

89

90

彩图 89、彩图 90　尽管尺度相近，但通过细节可以反映出街道景观鲜明的地域特征

91

92

彩图 91　上海世博会法国馆以立体植被彰显与自然的有机融合

彩图 92　以钢板围合的草坪具有强烈的现代意识和形式感

彩图 93　草坪、防腐树皮与竖向竹子的结合使空间颇具形式感

彩图 94　虚假而媚俗的假树成为城市景观细部的顽疾

94

93

95

96

彩图 95　地面铺装朴实而自然
彩图 96　材质、规格、色彩的不同，可组合成一定的图案
效果
彩图 97　不同材质在这里均兼顾着不同的功能和视觉变化
彩图 98　运用防滑材料成为坡道地面的主要选择

97

98

(a)

101

(b)   99

彩图 99(a)　不注重细部的铺地只能是摆设并产生副作用
彩图 99(b)　对地面重新处理后效果显现
彩图 100　水体与环境的有机融合使空间颇具人文气息
彩图 101　城市景观中水体限定出多样的空间区域
彩图 102　水的存在离不开硬质界面形态、材质与照明
彩图 103　动态的水体使环境颇具现代意识和空间情趣

102

100

103

104

105

彩图 104　具有一定功能作用的围栏通过色彩处理，具有强烈
　　　　　的装饰性和可识别性
彩图 105　金属装饰强化了建筑环境的性格特征
彩图 106　水中的牌坊丰富了空间层次，使景观宁静而深远
彩图 107　景观小品既丰富了空间层次，又能成为休憩空间

106

107

彩图 108　涂鸦作为公共艺术的一部分，折射出一定的美学趋向

彩图 109　绿色造型似乎既是艺术小品又是休憩设施

彩图 111　色彩使海边的公共设施形成统一体

彩图 110　座椅似乎既是休憩设施又是艺术小品

112

114

彩图 112　作为城市公共设施的公交车站
彩图 113　自行车存放设施造型简洁而颇具设计感
彩图 114　乌龟作为拦阻设施使环境充满情趣
彩图 115　树桩垃圾筒在这里成为破坏自然的罪证
彩图 116　让国宝收纳垃圾，点缀环境，只能使城市美学
　　　　　沦丧到无以复加的境地

113

115

116

木条饰面

Φ100

250

200

驳接爪连接玻璃

650

1350

膨胀螺栓固定

200

50

不锈钢螺栓　　夹胶钢化玻璃

胶皮热

a驳接爪节点

概念阐述

当栏杆设在观景平台时,
人们要停靠休息,观赏景色

"可靠"栏杆

姓名:柴青

学号:2009212391

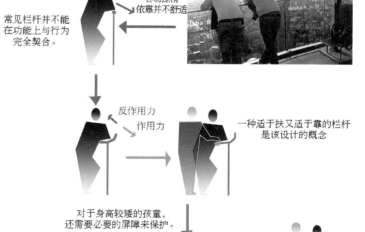

力

容易擦滑
依靠并不舒适

常见栏杆并不能
在功能上与行为
完全契合。

反作用力
作用力

一种适于扶又适于靠的栏杆
是该设计的概念

对于身高较矮的孩童,
还需要必要的屏障来保护。

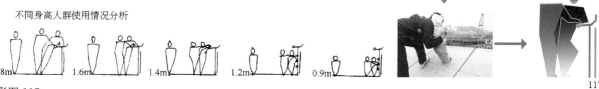

不同身高人群使用情况分析

1.8m　　　1.6m　　　1.4m　　　1.2m　　　0.9m

彩图117

117

方案草图：

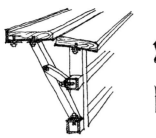

**划分空间**
如公园花池围栏

**安全阻挡**
如天井边的栏杆

供人支撑
如楼梯旁的扶手

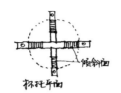

人们借助栏杆的
主要功能所进行
的行为大致有：

人们借助栏杆的
主要功能所产生
的动作大致有：

支撑　聊天　思考

观景　发呆

由行为和动
作所需要的
设施大致有：

喝酒水　抽烟　吃零食

杯架　烟灰缸　垃圾桶

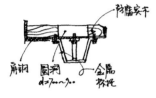

扶　　　靠

托　　　倚

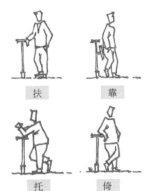

材料组合：

在材料上,选择了室外用木材、钢材与花岗石三种。构造方面大部分采用焊接,局部借助膨胀螺栓和螺纹螺丝连接,既省却了造价,又满足了功能的需求。钢材采用烤漆处理,并与木材衔接,简洁大方。

方案效果图：

彩图118a

118a

栏杆设计细部构造：

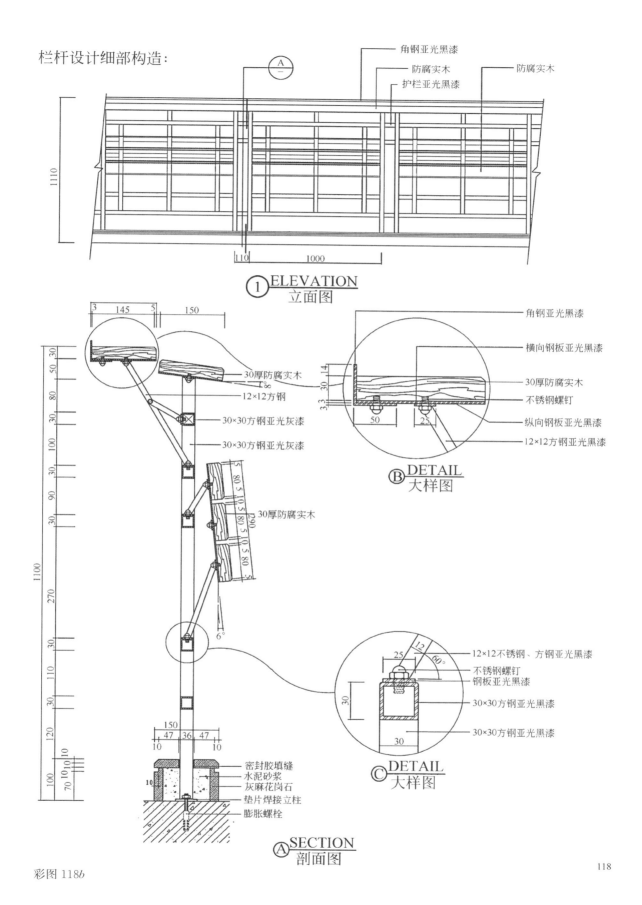

角钢亚光黑漆
防腐实木
防腐实木
护栏亚光黑漆

1110

110   1000

①ELEVATION
立面图

3 145 5   150

30 50 80 30 100 30 90 30 270 30 110 30 120

1100

30厚防腐实木
12×12方钢
30×30方钢亚光灰漆
30×30方钢亚光灰漆

5 80 5 80 5 10 5 80 5 10 5 80 5
290

30厚防腐实木

6°

150
47 36 47
10   10

密封胶填缝
水泥砂浆
灰麻花岗石
垫片焊接立柱
膨胀螺栓

100 70 10 10 10

10

角钢亚光黑漆
横向钢板亚光黑漆
30厚防腐实木
不锈钢螺钉
纵向钢板亚光黑漆
12×12方钢亚光黑漆

30 14 30 3 3

50   25

⑧DETAIL
大样图

25 12 60°

30

30

12×12不锈钢、方钢亚光黑漆
不锈钢螺钉
钢板亚光黑漆
30×30方钢亚光黑漆
30×30方钢亚光黑漆

ⓒDETAIL
大样图

ⒶSECTION
剖面图

彩图118b

118

163

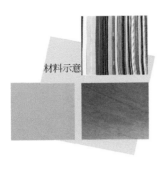
材料示意

楼梯扶手是出入家的必经安全之地，也是一道美丽的风景线，它既需要拥有美丽的外观，还需要承担起一定的收纳任务。不同户型的楼梯扶手，设计也不尽相同，灯光、墙面、地面统统纳入考虑之列。本案楼梯扶手设计，从新材料和新形式两方面进行探索，两种探索中的楼梯扶手都要能发挥其安全、便捷、艺术的作用。

楼梯扶手设计

学生姓名：沙伶韶
指导教师：李朝阳

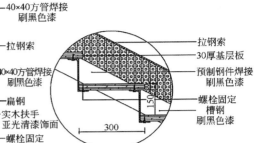

实木扶手
亚光消漆饰面

40×40方管焊接
刷黑色漆

40×40方管焊接
刷黑色漆

拉钢索

40×40方管焊接
刷黑色漆

扁钢

实木扶手
亚光清漆饰面

螺栓固定

拉钢索

铁件连接
刷黑色漆

Ⓑ剖面图

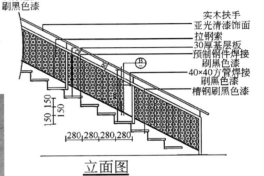

拉钢索
30厚基层板
预制钢件焊接
刷黑色漆
螺栓固定
槽钢
刷黑色漆

Ⓒ剖面图

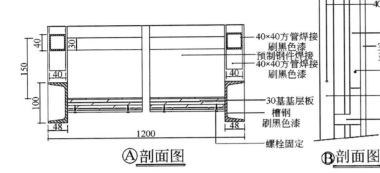

40×40方管焊接
刷黑色漆
预制钢件焊接
40×40方管焊接
刷黑色漆

30基基层板

槽钢
刷黑色漆

螺栓固定

Ⓐ剖面图

实木扶手
亚光清漆饰面
拉钢索
30厚基层板
预制钢件焊接
刷黑色漆
40×40方管焊接
刷黑色漆
槽钢刷黑色漆

立面图

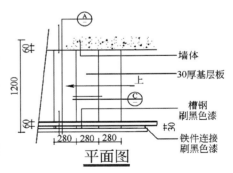

墙体
30厚基层板
槽钢
刷黑色漆
铁件连接
刷黑色漆

平面图

彩图119

老材料——新概念

现代科技发展迅速，各种新材料层出不穷。但是好多看似平常的材料却容易被人忽视，本方案用身边的材料——布艺编织进行设计，给人营造温馨、舒适之感。布艺做的扶手可以应用的范围很广，设计手法也很多样，给出的设计淡然大气，营造出了典雅的空间，楼梯可以用木质的，也可以用混凝土的。做法也很简单，如螺栓固定。

119

美术馆公共空间·楼梯与护栏构造设计

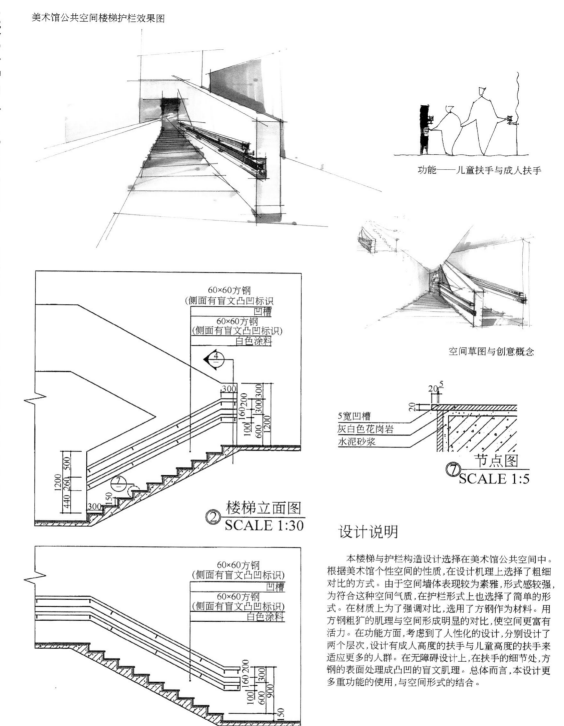

美术馆公共空间楼梯护栏效果图

功能——儿童扶手与成人扶手

空间草图与创意概念

60×60方钢
(侧面有盲文凸凹标识)
凹槽
60×60方钢
(侧面有盲文凸凹标识)
白色涂料

② 楼梯立面图
SCALE 1:30

5宽凹槽
灰白色花岗岩
水泥砂浆

⑦ 节点图
SCALE 1:5

60×60方钢
(侧面有盲文凸凹标识)
凹槽
60×60方钢
(侧面有盲文凸凹标识)
白色涂料

③ 楼梯立面图
SCALE 1:30

设计说明

　　本楼梯与护栏构造设计选择在美术馆公共空间中。根据美术馆个性空间的性质,在设计机理上选择了粗细对比的方式。由于空间墙体表现较为素雅,形式感较强,为符合这种空间气质,在护栏形式上也选择了简单的形式。在材质上为了强调对比,选用了方钢作为材料。用方钢粗犷的肌理与空间形成明显的对比,使空间更富有活力。在功能方面,考虑到了人性化的设计,分别设计了两个层次,设计有成人高度的扶手与儿童高度的扶手来适应更多的人群。在无障碍设计上,在扶手的细节处,方钢的表面处理成凸凹的盲文肌理。总体而言,本设计更多重功能的使用,与空间形式的结合。

环境艺术设计系　　凌秋月　　学号　　2010224020　　课程指导老师:李朝阳

彩图120a

120

美术馆公共空间·楼梯与护栏构造设计

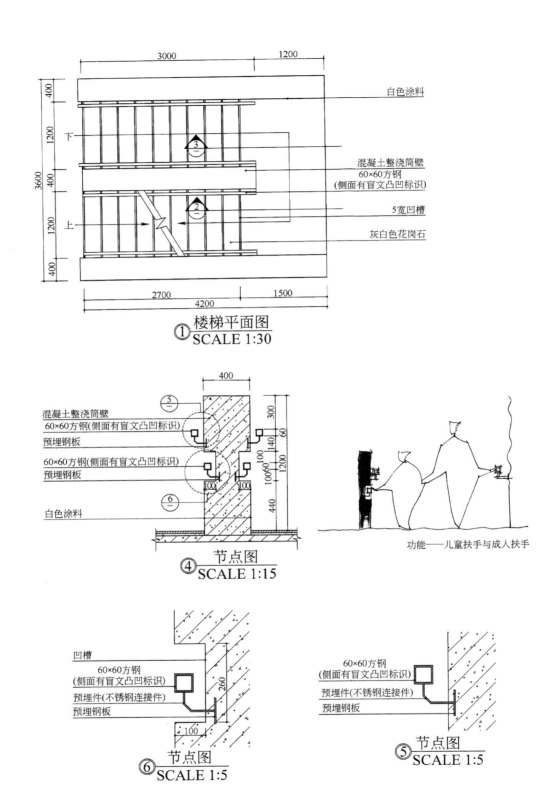

3000　　1200

400

1200

3600　400

1200

400

下

上

白色涂料

混凝土整浇筒壁
60×60方钢
(侧面有盲文凸凹标识)

5宽凹槽

灰白色花岗石

2700　　1500
4200

① 楼梯平面图
SCALE 1:30

400

混凝土整浇筒壁
60×60方钢(侧面有盲文凸凹标识)
预埋钢板
60×60方钢(侧面有盲文凸凹标识)
预埋钢板

白色涂料

300
60
140
100
100 60
1200
440

功能——儿童扶手与成人扶手

④ 节点图
SCALE 1:15

凹槽
60×60方钢
(侧面有盲文凸凹标识)
预埋件(不锈钢连接件)
预埋钢板

260

100

⑥ 节点图
SCALE 1:5

60×60方钢
(侧面有盲文凸凹标识)
预埋件(不锈钢连接件)
预埋钢板

⑤ 节点图
SCALE 1:5

环境艺术设计系　　凌秋月　　学号　　2010224020　　课程指导教师:李朝阳

彩图 121　玻璃地面

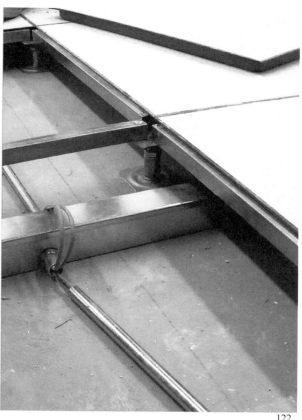

彩图 122　活动防静电地板

彩图 123　石材干挂（一）

彩图 124　石材干挂（二）

125

彩图 125 叠级吊顶构造

126

彩图 126 吊顶与造型灯带的构造